超级问问问

宇宙太空

（日）学研教育出版 · 编著
任凤凤 · 译

化学工业出版社
·北京·

在20xx年 地球上会出现外星人！！

这本书汇集了小学生想知道的关于宇宙的问题。
一旦读完这本书，就会对宇宙有更多的了解。
那是什么？
帮你修好飞船后，你要带我们一起飞向宇宙，给我们解答这本书里的所有问题。
我其实是来征服地球的，你们没看出来吗？
啊？？？
修好了！那我们出发吧！
哇！出发啦！
真是太感谢了！

阅读这本书的小朋友们，让我们一起探索宇宙的奥秘吧！
……。
嗖——出发！！
目标宇宙！！

你也来挑战一下

宇宙的奥秘智力问答吧！

阅读指南

从100个小学生当中，选出他们最想了解的关于宇宙的84个问题，按照关注度从第84名~第1名，逐一进行解答。

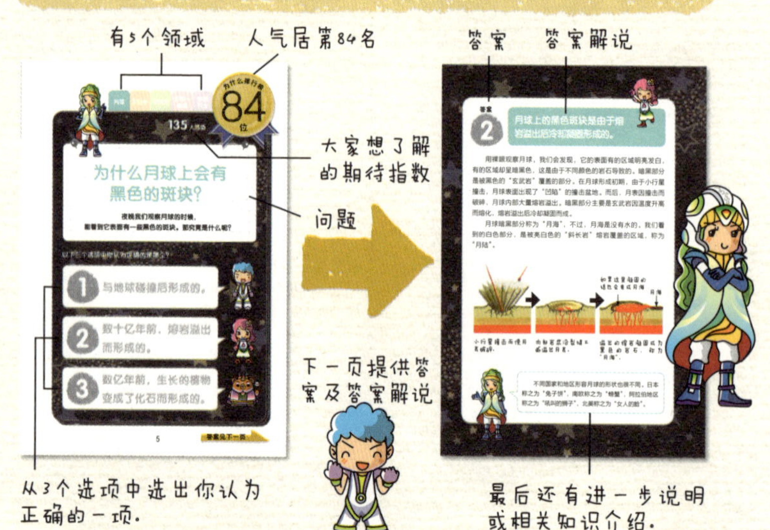

如果你回答正确的话，请在后面的成绩计算表（见186页）中画上○。

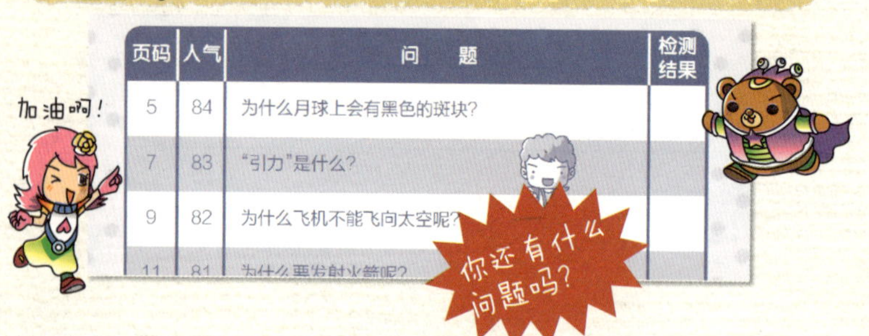

页码	人气	问　题	检测结果
5	84	为什么月球上会有黑色的斑块?	
7	83	“引力”是什么?	
9	82	为什么飞机不能飞向太空呢?	
11	81	为什么要发射火箭呢?	

135 人气值

为什么月球上会有黑色的斑块？

夜晚我们观察月球的时候，
能看到它表面有一些黑色的斑块。那究竟是什么呢？

以下三个选项中你认为正确的是哪个？

与地球碰撞后形成的。

数十亿年前，熔岩溢出而形成的。

数亿年前，生长的植物变成了化石而形成的。

答案见下一页

答案 2

月球上的黑色斑块是由于熔岩溢出后冷却凝固形成的。

用裸眼观察月球，我们会发现，它的表面有的区域明亮发白，有的区域却呈暗黑色，这是由于不同颜色的岩石导致的。暗黑部分是被黑色的“玄武岩”覆盖的部分。在月球形成初期，由于小行星撞击，月球表面出现了“凹陷”的撞击盆地。而后，月表因撞击而破碎，月球内部大量熔岩溢出。暗黑部分主要是玄武岩因温度升高而熔化，熔岩溢出后冷却凝固而成。

月球暗黑部分称为“月海”，不过，月海是没有水的。我们看到的白色部分，是被亮白色的“斜长岩”熔岩覆盖的区域，称为“月陆”。

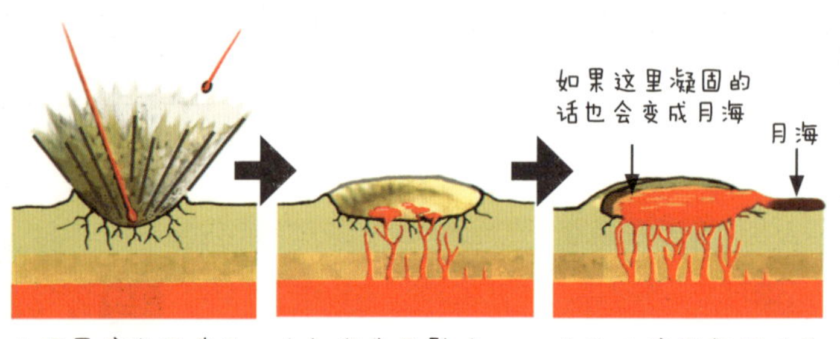

小行星撞击而使月表破碎。

内部岩浆沿裂缝不断溢出月表。

溢出的熔岩凝固成为黑色的岩石，称为“月海”。

不同国家和地区形容月球的形状也很不同。日本称之为“兔子饼”，南欧称之为“螃蟹”，阿拉伯地区称之为“吼叫的狮子”，北美称之为“女人的脸”。

月球 太阳系 银河系 天体·星座 宇宙开发

为什么排行榜 83 位

136 人气值

“引力”是什么？

你听说过“引力”这个词吗？
从词意上来看，它究竟是吸引什么的力呢？

以下三个选项中你认为正确的是哪个？

牵引绳索的力。

两个相互吸引的物体分开的力。

物体与物体之间的相互吸引的力。

答案见下一页

答案

所谓的引力就是一切物质与物质之间的相互吸引的力。

平时我们不曾注意过，其实在整个世界里所有物体都是相互吸引的，而这种相互吸引的力叫“引力”。物体的坠落，我们能站在圆形的地球上，等等，都是因为相互吸引的引力。

做匀速圆周运动的物体有向外作用的力，这种力叫作“离心力”。地球是大约每24小时自转一周的天体，因此会产生离心力。又因为引力的吸引，所以我们没有被地球甩出去。

由引力吸引的这种力，实际上就是天体本身的引力。而物体由于天体的引力而吸引的力叫作“重力”。

一切物体之间都存在相互吸引的力（引力）

旋转的物体有向外作用的力（离心力）

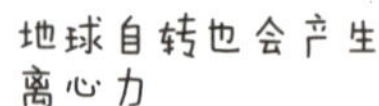

由引力叠加离心力，在实际中的作用（重力）

1665年英国科学家牛顿望着从树上掉下来的苹果和空中掉不下来的月球，进行了一步步深入的思考，最终发现了伟大的“万有引力定律”。

白矮 太阳系 银河系 天体·星座 宇宙开发

为什么排行榜 82 位

140 人气值

为什么飞机不能飞向太空呢？

火箭可以飞向太空，而飞机却不可以，
这是为什么呢？

以下三个选项中你认为正确的是哪个？

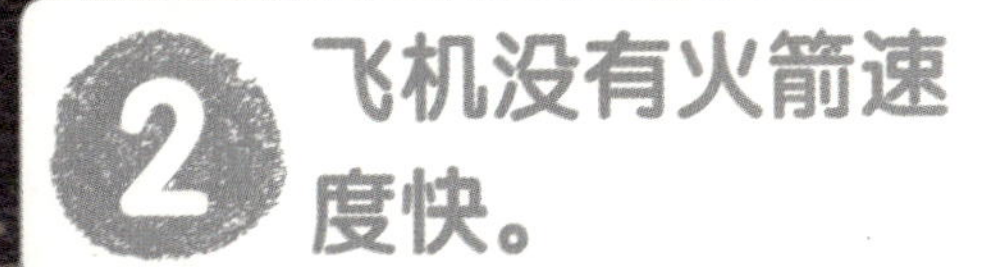

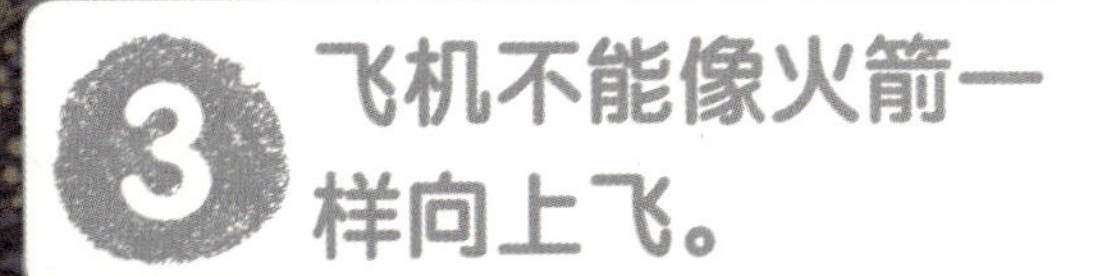

答案

飞机的速度不够快。

为了能让火箭飞向太空，必须以每小时28440千米的速度发射。这个速度约相当于喷汽飞机的35倍。如果达不到这个速度的话，火箭就会因地球引力而落回地面。因此，以飞机的速度是不能飞向太空的，而能到达这个速度的只有火箭。

火箭发射是通过燃料燃烧，产生剧烈膨胀的气体，从喷口喷出时获得反作用力，来推动其前进。燃烧就是燃料和氧化剂发生化学反应的过程。由于太空中没有氧气，因此发射前必须在火箭内部装满氧化剂。火箭90%的重量都是燃料和氧化剂。

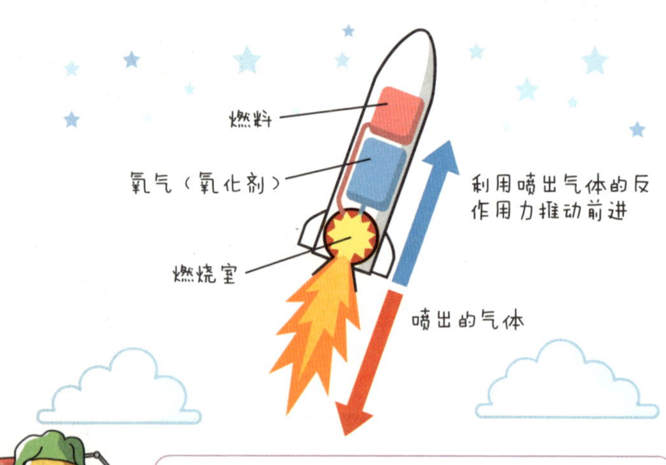

飞机在天空中飞行依赖于空气。飞行时气流从机翼上下流过所产生的浮力将飞机托起。另外，飞机发动机工作时，也需要空气中的氧气参与。因此，飞机是无法在没有空气的太空中飞行的。

155 人气值

为什么要发射火箭呢?

为什么要去宇宙旅行呢?

以下三个选项中你认为正确的是哪个?

为了运送人造卫星和航天员。

为了探测太阳的内部。

试试最远能飞到哪里。

答案

运送人造卫星和航天员。

火箭是一种航天运输工具。主要任务就是把人造卫星、宇宙飞船等有效载荷送入预定轨道。人造卫星和宇宙飞船是无法自己飞向太空的，要想去太空，就需要相当大的速度来摆脱地球强大的引力。火箭拥有高性能发动机，能够储存很多的燃料，这样才能达到很高的飞行速度，完成运输任务。

火箭的头部是整流罩，是个非常结实的容器，人造卫星等载荷都装在这里。在空中往上升时，燃料罐会逐一燃烧、分解、脱落，最后就剩下一个整流罩。当把载荷运送到预定轨道时，火箭原本的形状已经很难识别了。

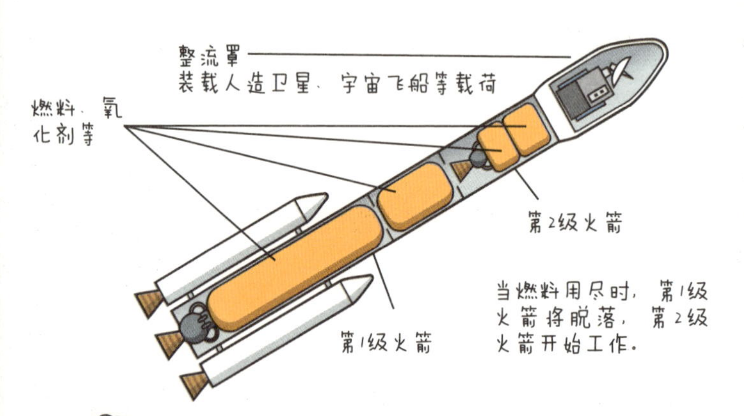

任务完成后，火箭的燃料罐和整流罩会自由坠落到地球上，不再回收利用。

为什么排行榜 80位

159 人气值

怎么才能成为航天员呢？

什么样的人才能成为航天员呢？
去太空需要具备什么样的能力呢？

以下三个选项中你认为正确的是哪个？

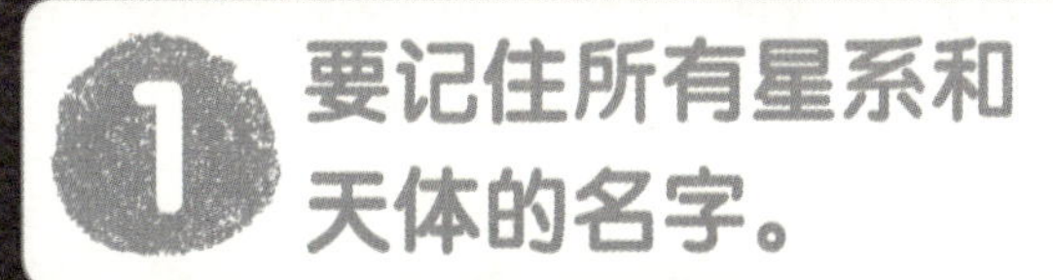

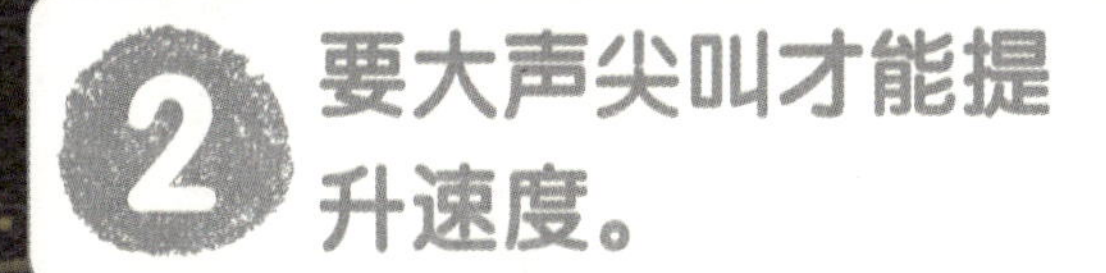

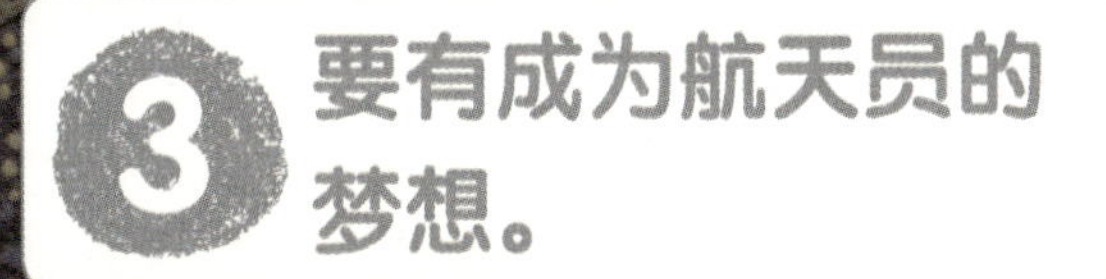

答案见下一页

答案 3

要有一颗想成为航天员的雄心。

能够成为航天员的人是极少数的。航天员必须拥有出众的身体素质，掌握相关的知识和技能，还要接受相应的考试。虽说成为一名航天员是很难的，但想成为航天员的强烈愿望是最重要的。

中国第一位进入太空的航天员杨利伟，以前是一名飞行员。通过不懈的努力，终于实现了中国人飞天的梦想。

航天员的共同点是都有善于和周围人交往的性格，特别是国际空间站中的航天员，需要与来自不同国家的人共同工作，所以能体谅对方是很重要的。

不仅可以学习到理科知识，还能结交很多朋友。

在国际空间站内，需要与来自各个国家的航天员们一起生活半年以上。因相互争吵而不想见面是不可能发生的。

160 人气值

星座与星座之间离得很近吗?

星座是按照传说中的英雄和动物等形状进行排列的。在宇宙中也是按照那个形状排列的吗?

以下三个选项中你认为正确的是哪个?

不是的。星座之间是凌乱分布的。

都很近地排列着。

根据形状分布。

答案见下一页

星座与星座之间的距离各不相同，在地球上我们只能看到与它们比邻的星座。

在我们仰望天空观察天体的时候，可以看到构成星座的天体与天体之间距离很近，而且这些天体排列在一起，像古代英雄人物或者动物的形状。但其实在太空中它们之间的距离并不近。

让我们把夜空当作一张黑色的画纸平铺来看，就叫“天球”。在天球上，我们只能看到邻近的同一个星座的天体。但从地球到同一星座中各天体的距离其实差别很大。

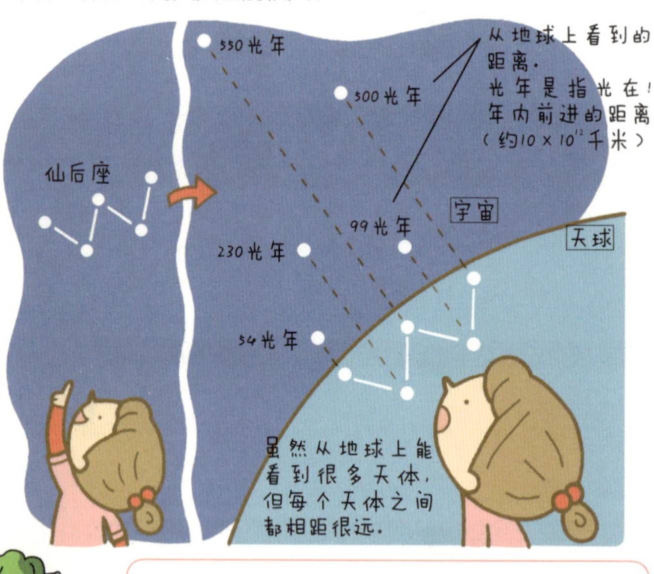

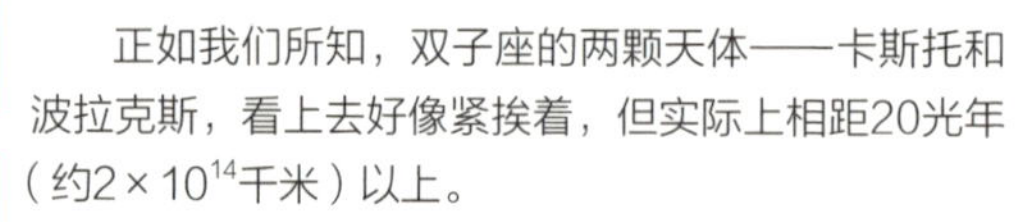

正如我们所知，双子座的两颗天体——卡斯托和波拉克斯，看上去好像紧挨着，但实际上相距20光年（约2×10^{14}千米）以上。

为什么排行榜 78 位

164 人气值

“星云”真的就是像云一样的恒星吗？

说起星云，从星空照片中能看到，
隐隐约约的云飘浮在太空。
那也是恒星吗？

以下三个选项中你认为正确的是哪个？

是的。的确是闪闪发亮的小星群。

不是。是一团团气体和尘埃。

不是。大约有100颗恒星聚集在云里。

答案见下一页

答案 2

不是。星云就是一团团气体和尘埃，只是看起来像云雾状的天体。

星云，是由星际空间的气体和尘埃聚集形成的。来自恒星的光照射到那里，所以看上去像云雾一样。

气体和尘埃因相互之间的引力互相碰撞、压缩，形成了恒星。被周围亮星所照亮的星云叫作亮星云，而被浓浓的气体和尘埃遮住了来自恒星的光，看上去黑乎乎的星云叫作暗星云。在暗星云中，也可以形成恒星。除此之外，还有“恒星状星云”。恒星状星云是恒星燃烧耗尽时，向外抛出的气体和尘埃。恒星也有生死，无论是恒星形成时，还是死亡后都会成为星云。

暗星云

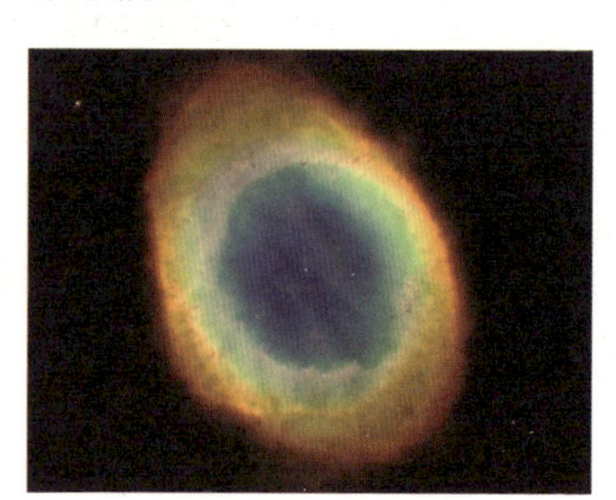

圆环形的恒星状星云

在暗星云中，由于引力作用，物质聚集在一起，温度不断升高和压缩，形成新的恒星，因此被称为“恒星的摇篮”。

照片：NASA

165 人气值

日环食和日全食有什么不同？

日食形成是由于太阳被月球遮挡。既然都是日食，那么，日环食和日全食有什么不同呢？

以下三个选项中你认为正确的是哪个？

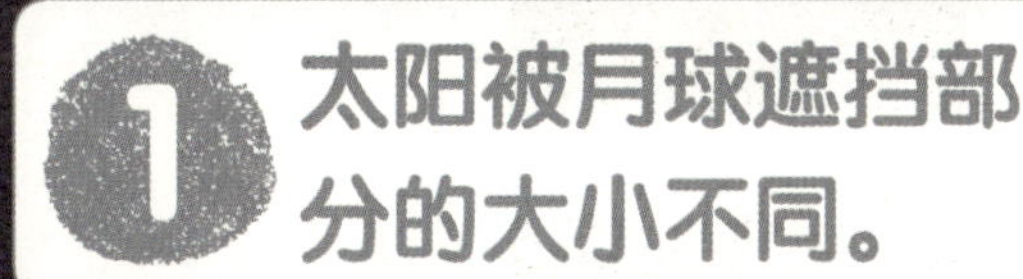

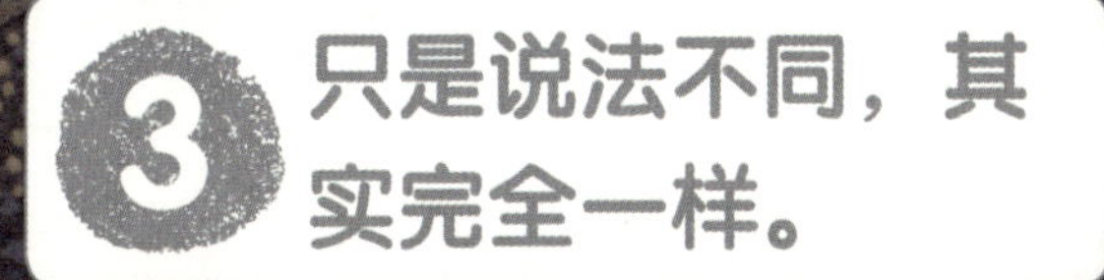

答案见下一页

答案 1

太阳被月球遮挡部分的大小不同。

日食是月球穿过太阳和地球之间，三者在同一条直线上所产生的现象。日环食和日全食不同之处是月球遮住太阳的大小不同。月球绕着地球转。根据月球运转的位置不同，有时离地球较近，有时离地球较远。离地球较近时看到月球较大，离地球较远时看到的则较小。日食时，如果月球离地球较近，它看起来比较大，能够完全遮住太阳，这就是日全食。相反，如果月球离地球较远，它看起来比较小，不能完全遮住太阳，所以太阳像光环一样从月球周围露出，这就是日环食。

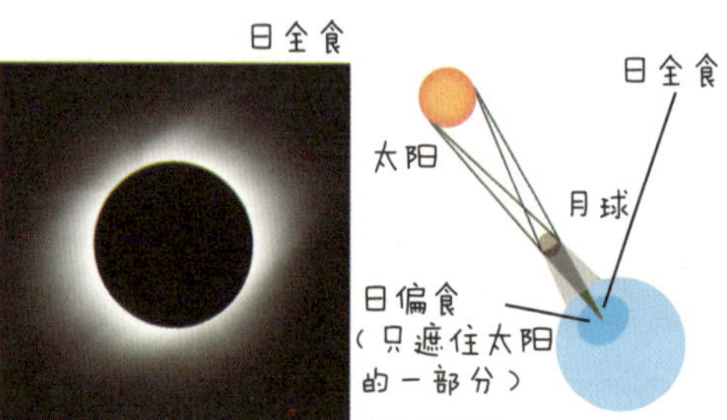

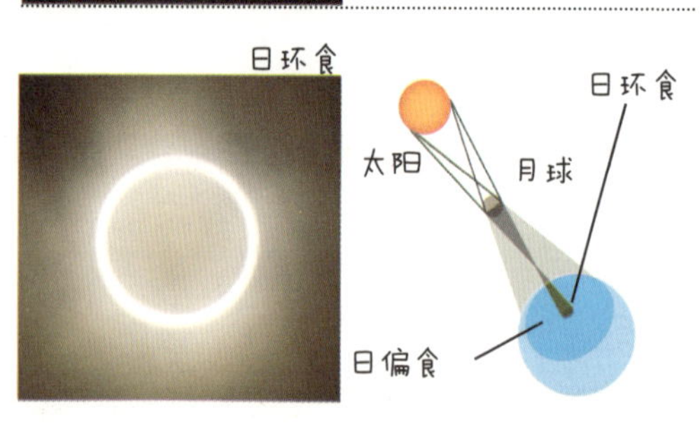

太阳比月球大400倍，但从地球上看，感觉与月球差不多大小。那是因为太阳与地球的距离比月球到地球的距离远400倍，所以从地球上看起来几乎一样大。

照片:NASA

为什么排行榜 76 位

166 人气值

为什么有蓝色恒星和红色恒星呢？

为什么天上的恒星有
不同颜色呢？

以下三个选项中你认为正确的是哪个？

因为恒星的含水量不同。

因为恒星表面沙土含量不同。

因为恒星表面温度不同。

答案见下一页

答案

3

恒星表面温度不同，发出的光的颜色也就不同。发红色光的恒星表面温度低。

恒星的颜色是由它的温度决定的。蓝色恒星表面温度高，红色恒星表面温度低。蓝色恒星表面温度达20000℃以上，黄色恒星表面温度达6000℃左右，红色恒星表面温度达3000℃左右。

好比我们家用的电灯或面包机，开始预热时发出的是红光，随着温度升高，变成了橘黄色。它们的原理是一样的。蓝色恒星几乎都是年轻的恒星。红色恒星是上了年纪，几乎就要到寿命极限的恒星。

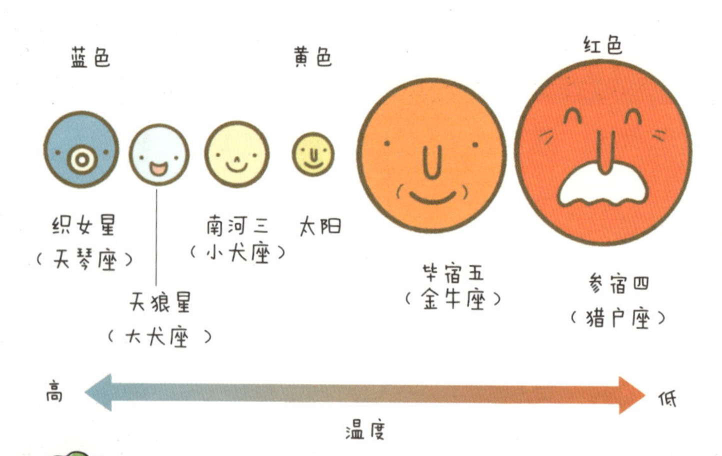

我们可以想一下现在的太阳，其实它就是发黄色光的恒星，表面温度高达6000℃左右。因为太阳发出的光耀眼，所以看不太清楚它是什么颜色的。而且在直视太阳时，眼睛会灼伤，所以不要直接看它。

167 人气值

太阳系外的恒星，从地球上看哪颗最亮？

太阳系是以太阳为中心，太阳系中所有天体的集合体。
太阳是太阳系中最亮的天体。
那么，太阳系以外，最亮的恒星是什么星呢？

以下三个选项中你认为正确的是哪个？

天狼星（大犬座）。

天津四（天鹅座）。

海山二（船底座）。

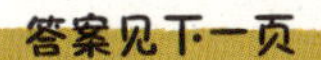
答案见下一页

答案

夜空中最亮的恒星是大犬座的天狼星。

冬天的夜晚，向南方星空看去，有一颗最亮的恒星闪烁着光芒。那就是大犬座的天狼星。从地球上看，天狼星是夜空中最亮的星。如果天狼星和太阳距地球一样远的话，天狼星的亮度是太阳的10倍，它的直径是太阳的1.7倍。由于天狼星与地球的距离，是太阳到地球的5400倍，所以看上去比太阳要暗得多。

恒星根据明亮度可分为1等星、2等星、3等星……数字越小表示恒星越亮。天狼星属于1等星。目前共有21颗1等星。

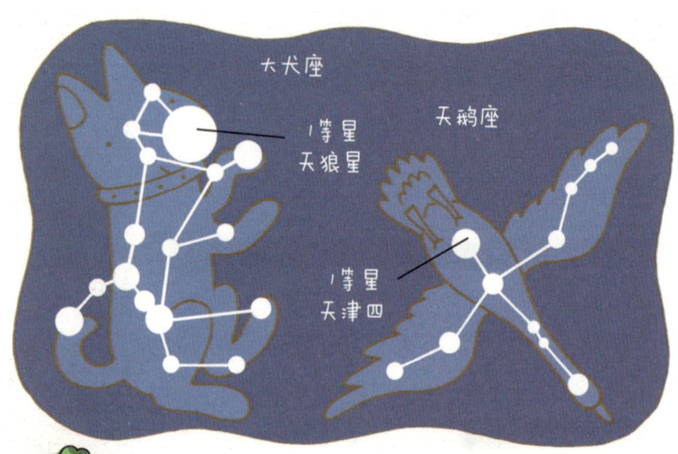

如果所有恒星与地球距离都相同的话，最亮的恒星应该是天鹅座的1等星天津四。但是，它距离地球1800光年，所以看上去比天狼星暗。

168 人气值

总共有多少个星座？

夜空中有无数颗恒星。
那么，星座也有无数个吗？

以下三个选项中你认为正确的是哪个？

1800个。

108个。

国际上统计，总共有88个。

答案见下一页

答案

3 国际天文联合会1928年正式公布国际通用星座共88个。

国际天文联合会是世界各国天文研究团体的联合组织。该组织于1928年公布了国际通用星座，共88个。

星座起源于四大文明古国之一的古巴比伦，约5000年前，美索不达米亚的人们用假想线条将星与星连接起来，并与他们神话或传说中的英雄人物、神、动物的形象联系起来，创造出了所谓的星座，从此，北半球的星座开始出现。

南半球星座大约出现在500年前，欧洲航海家为方便航海时辨别方位与观测天象而创造了星座。因为恒星随季节和时间推移，方位会发生变化，因此星座成为了航海领域确定方位的标记。从那以后，新的星座不断地被人们创造出来，后来竟有100多个。

最后，国际天文联合会进行了整理，决定国际通用星座共88个。

17世纪的荷兰星座图。它是整个星座世界的俯视图。与我们从地面上看到的星座正好相反。

在中国古代，人们创造出近400个星座，主要用于天文学和占星术。当时，众多星座中竟有命名为厕所的星座。

169 人气值

冥王星为什么不再是行星了呢?

我们把绕太阳运转的一类天体称为行星。
从2006年起，冥王星已不再是太阳系中的行星了。

以下三个选项中你认为正确的是哪个?

因为它去了太阳系的边缘地带。

因为与它一样大的天体有很多。

因为它不再绕太阳运转了。

答案见下一页

答案 2

因为太阳系中与冥王星一样大的天体有很多。

根据国际天文联合会2006年通过的“行星”定义，被称为行星的天体要符合三个主要条件：

①必须绕着恒星运转；②质量必须足够大，来克服固体应力以达到流体静力平衡的形状（近似球体）；③必须清除轨道附近区域的天体，公转轨道范围内不能有比它更大的天体。

冥王星不符合第三个条件。实际上，1992年以后，在它周围已经发现了1000多个与它大小相似的天体。另外，2003年发现了比冥王星还大的天体——“厄里斯”。由于冥王星符合第一、二个条件，所以被降级为矮行星。

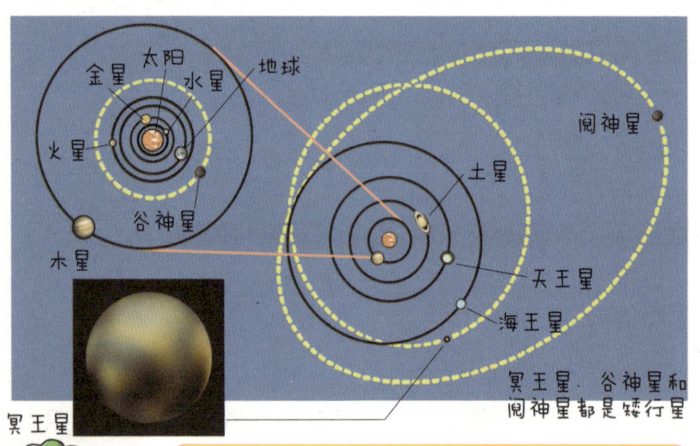

2006年发射的“新视野号”探测器，已于2015年飞越冥王星，并对冥王星进行了深测。

照片：NASA

为什么排行榜 72位

170 人气值

“隼鸟”号探测器的用途是什么？

日本发射“隼鸟”号探测器的
用途是什么呢？

以下三个选项中你认为正确的是哪个？

登陆月球带回岩石。

登陆火星进行探测。

去采集小行星上的岩石样本。

答案见下一页

答案

3 “隼鸟”号探测器去采集小行星上的岩石样本。

2003年，日本文部科学省宇宙科学研究所发射“隼鸟”号探测器，飞行了2年零4个月到达小行星。它从不同角度详细观察、采样、拍摄，并将这些画面传回地面，而且还成功采集并带回小行星岩石样本。这是人类首次利用探测器从月球之外的天体采集岩石样本。

“隼鸟”号探测器于2010年返回地球。本体在地球大气层中烧毁，而内含样本的隔热胶囊与本体分离后，在澳大利亚内陆着陆。“隼鸟”号的使命，就是通过小行星的岩石样本，了解小行星的状态，进一步揭开太阳系的神秘面纱。

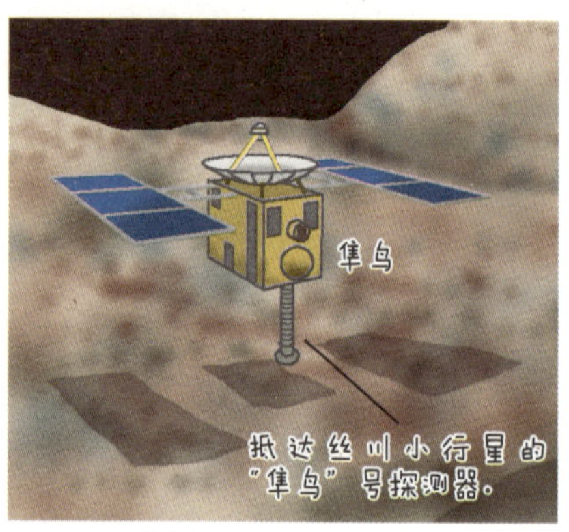

利用取样装置成功采集到岩石样本

日本实现了人类首次对小行星的采样探测，因此“隼鸟”号探测器到达的小行星，是以“日本火箭之父”丝川英夫博士的姓，命名为“丝川”。

插画：池下章裕

175 人气值

超新星爆发是真的吗？

自身是能发光的“恒星”
像个大火球一样，在不久的将来就会爆炸……

以下三个选项中你认为正确的是哪个？

真的。史书上有记录。

真的。曾经有两个月球，其中一个爆炸了。

假的。都是动画片和小说中出现的。

答案见下一页

答案

真的。史书上有记录。

质量是太阳8倍以上的恒星，最终会因质量巨大而引发“超新星爆发”。“超新星爆发”每年约几十次。可是，因为它并非只在银河系中爆发，所以很多时候不会被察觉。爆发前，它的光变得非常微弱，爆发时，放出异常明亮的光。

日本史书上也有这样的记录，公元1054年，金牛座内出现了一颗异常明亮的新星，这就是蟹状星云的超新星爆发。美国亚利桑那州的洞穴里，古代印第安人壁画上发现了描述这次超新星爆发的图画。

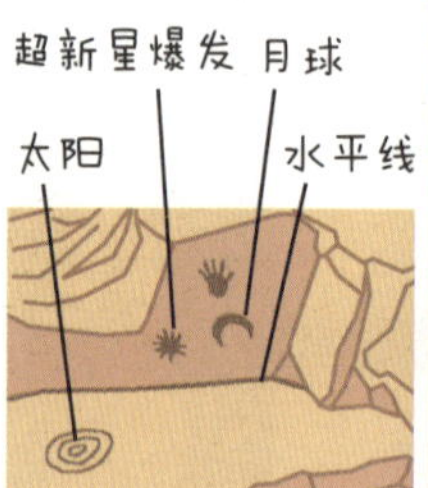

美国亚利桑那州的洞穴里的超新星爆发图

金牛座的蟹状星云

日本史书《明月记》中载有超新星爆发的记录。这本书曾是贵族藤原定家的日记。此外，丹麦天文学家也记录了公元1572年发现的一颗超新星。

照片：NASA

月球 太阳系 银河系 天体·星座 宇宙开发

180 人气值

太阳系中哪颗行星离太阳最远？

在太阳系中有八大行星，
哪颗行星离太阳最远呢？

以下三个选项中你认为正确的是哪个？

1 蓝色行星——海王星。

2 冰冻行星——天王星。

3 2005年发现的阋神星。

答案见下一页

答案 1

海王星绕太阳一周需164年零9个月。

太阳系有八大行星，都是在地球绕太阳的轨道平面（黄道）上运转的，即“公转”。海王星是在最外侧公转的行星，与太阳的距离约是日地距离的30倍。地球绕太阳公转，1周需要1年，而海王星绕太阳1周却要164年零9个月。

按照离太阳的距离从近到远，八大行星依次为水星、金星、地球、火星、木星、土星、天王星、海王星。八大行星的通常记法是“水金地火木土天海”，按首字顺序，可同时记住各大行星离太阳的远近及名称。

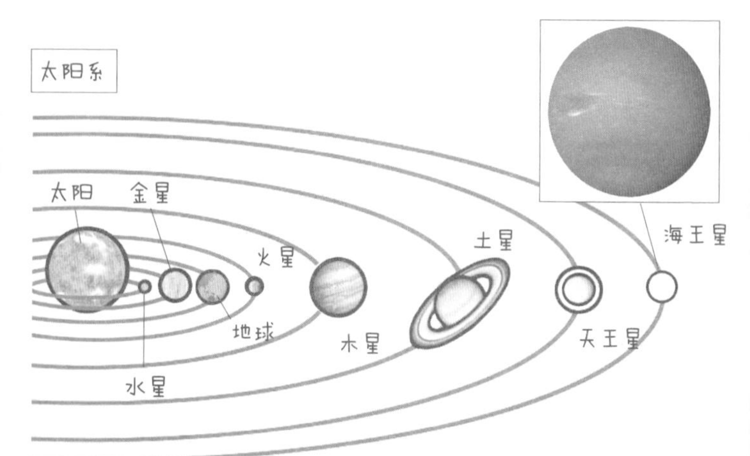

环绕行星运转的天体称为“卫星”。月球是地球的卫星。卫星的公转方向通常与行星相同，但绕海王星运转的海卫一，它的公转方向却和海王星的自转方向相反。

照片：NASA

月球 太阳系 银河系 天体·星座 宇宙开发

183 人气值

为什么人造卫星绕地球转却不会掉下来呢?

人造卫星是人类发射到太空中绕地球运转的物体。
那么，为什么它会不停地转呢?

以下三个选项中你认为正确的是哪个?

1 因为引力控制不了人造卫星。

2 因为它保持自身不会落下来的速度飞行。

3 因为它携带了大量燃料。

答案见下一页

因为它保持自身不会落下来的速度飞行。

打个比方：因为地球上有重力，如果把球水平地抛出去，它一定会落到前面的某处地面。地面投掷的速度越快，球就飞得越远，但它还是会落到某个地方。可是，请不要忘记，地球是个球。因此投掷速度越快，投出的球所画出的轨道就越近于地球表面的曲线，并很快与地球表面呈平行状态。即尽管总是要掉落地面，可是它的前方总是没有地面可落，便一直绕着地球转下去。

如果不考虑空气阻力，以7.9千米/秒（时速28000千米）速度投的球，是不会落到地面上的，它将会不停地绕地球转。人造卫星是利用运载火箭发射到没有空气的宇宙中后，再以7.9千米/秒的速度抛出去。所以人造卫星不会落到地面上，将不停地绕地球运转，速度约是高铁速度的100倍。

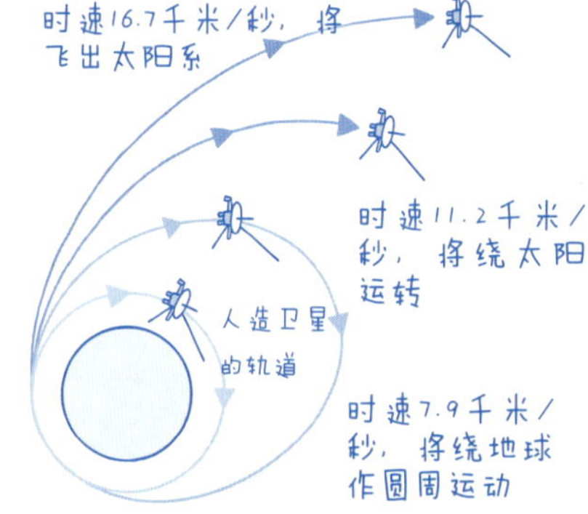

如果以11.2千米/秒（时速40320千米）以上的速度把球抛向宇宙，就可以摆脱地球引力，到达月球。如果以16.7千米/秒（时速60120千米）的速度抛出，将飞出太阳系。

184 人气值

怎样测量遥远天体与地球的距离?

如何测量人类不曾
到过的遥远天体的距离呢?

以下三个选项中你认为正确的是哪个?

1 通过测量光照射天体反射回来的时间。

2 通过观察天体位置的变化来计算。

3 发射火箭来进行测量。

答案见下一页

测量地球到某个天体的距离通常采用三角视差法。对同一个物体，分别在两个地点进行观测，根据观测角度进行计算。比如，分别在冬天和夏天同一时刻同一地点进行测量。由于地球绕着太阳运转，因此，夏天和冬天地球在宇宙中的位置是变化的。即使在地球上同一个地点进行测量，测量点在宇宙中的位置是不一样的。

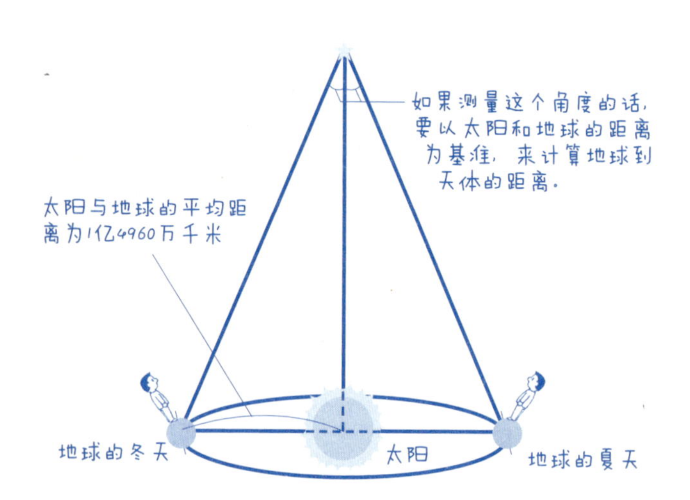

如果想测量几百光年、几千光年外天体的距离，可以根据天体的亮度，以及距离已知的相似天体的亮度比较，来计算距离。

185 人气值

为什么“银河”看上去像条河？

在夜晚的星空中有条像河一样的白色“银河”。
“银河”究竟是什么呢？

以下三个选项中你认为正确的是哪个？

1. 大量流星朝同一方向飞行。

2. 看上去像河一样的宇宙中的灰尘。

3. 银河系中数千个星团和星云重叠在一起。

答案见下一页

答案 3

银河系中数千个星团和星云重叠在一起。

我们所居住的地球处于太阳系中，而太阳系位于银河系中。银河系像个圆盘，地球就在偏离圆盘中心的位置，距银河中心大约28000光年。

从地球观测银河系，能看到圆盘中心有很多重叠聚集的天体，那就是银河。夏天，能看到众多繁星聚集在圆盘的中心位置。冬天，则在圆盘的边缘。所以，观测银河时夏天比冬天更清晰。

距银河系最近的和它形状相同的圆盘星系，是仙女座。虽说是最近的，却也相隔230光年。

月球 太阳系 银河系 天体·星座 宇宙开发

190 人气值

距地面多高才是太空呢?

所谓的宇宙是指有天体存在的空间。
那么从天空的哪里开始，可以说是太空呢?

以下三个选项中你认为正确的是哪个?

距离地面1万千米。

距离地面1000千米。

距离地面100千米。

答案见下一页

答案

3 距离地面100千米。

距离地面100千米以上，进入几乎没有空气的大气层，也就是说，大气层以外的整个空间就是太空。

从严格的科学观点来说，大气层和外太空之间没有明确界限。

但一般来说，距地面100千米以上的外层空间就是太空。因为从那个高度开始几乎没有空气了。国际航空联盟（FAI）规定，距离地面100千米以上是宇宙空间。

100千米到底有多远呢？大约是北京到天津的直线距离。如果把地球比作苹果，大气层只有苹果皮那么薄。

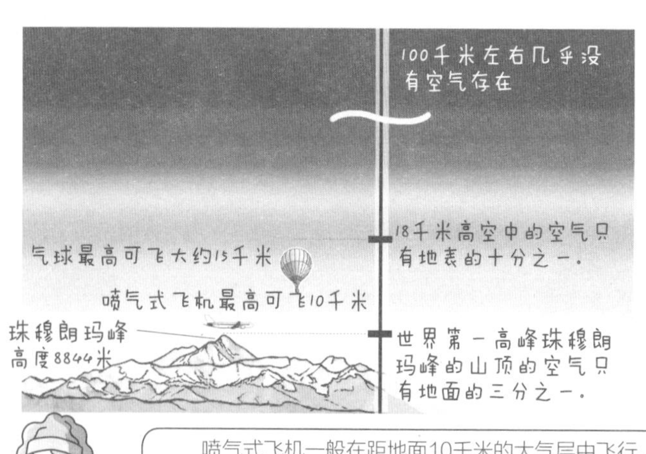

喷气式飞机一般在距地面10千米的大气层中飞行。该高度的空气质量是地面的1/3。由于该高度的空气阻力小，所以飞行速度快，如果超出这个高度，会因氧气不足而变得不能飞行。

月球 太阳系 银河系 天体·星座 宇宙开发

193 人气值

为什么北极星总在正北方？

其他天体都是随时间推移而变化位置的，
为什么北极星一直在正北方呢？

以下三个选项中你认为正确的是哪个？

因为它在地球地轴的延长线上。

因为它是根据地球移动的天体。

因为地球是根据北极星移动的。

答案见下一页

答案 1

因为北极星在地球地轴的延长线上。

地球是以连接北极和南极的轴为中心（地轴）旋转的（自转）。因为我们是和地球一起旋转的，所以能够看到周围的天体在移动。可是，由于地轴是不动的，所以我们看到在地轴延长线上的天体也是不动的。正因为北极星位于地轴北端的延长线上，所以它总是靠近正北的方位。好比我们在坐摩天轮。旋转时周围的景色都在移动，但是如果你去看正中间柱子的顶端，无论从哪个角度去看它都在一个位置。其原理是一样的。

北极星成为人们判断北方天空的标记。另外，由于太阳和月球的引力，地轴的运转周期大约是26000年。因此，在不久的将来，会有其他的天体成为北极星。

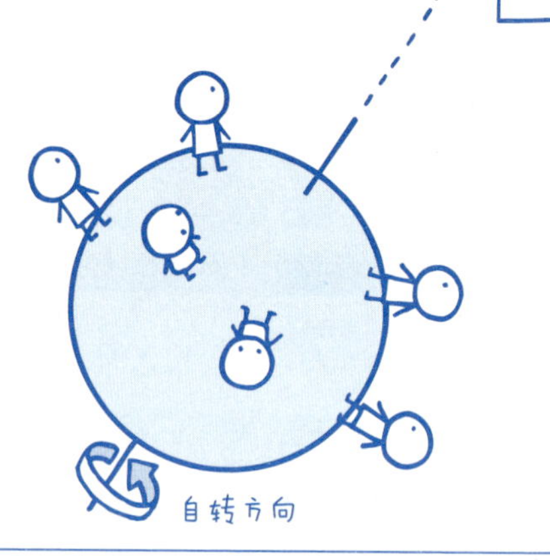

虽然没有“南极星”，但是在指向南方的星座当中有一个叫南十字星座。它位于南半球的正南方，用来判断南方天空的标记。在北回归线以南的地方都能够看到此星座。

月球 太阳系 银河系 天体·星座 宇宙开发

194 人气值

北斗七星为什么不叫作“北斗七星座”？

看上去像个斗柄一样的
北斗七星是一个完整的星座吗？

以下三个选项中你认为正确的是哪个？

1 因为是新星座，所以还没有起名。

2 其实它属于大熊星座的一部分。

3 明年将会成为北斗八星。

答案见下一页

答案 2

北斗七星是中国和日本所起的名字，其实它属于大熊星座的一部分。

“斗”的含义是“古代用来量米的斗柄”。北斗七星位处天空的北方，七个星排列的形状很像个斗柄，因此在中国和日本人们把它称为北斗七星或者斗柄星。北斗七星属世界上通用的星座“大熊座”的一部分。它位于大熊的背部和尾巴上。因此北斗七星不是星座。

只要是晴朗的夜空，北斗七星一年四季都能看到，因此成为了判断方位或寻找星座的线索。

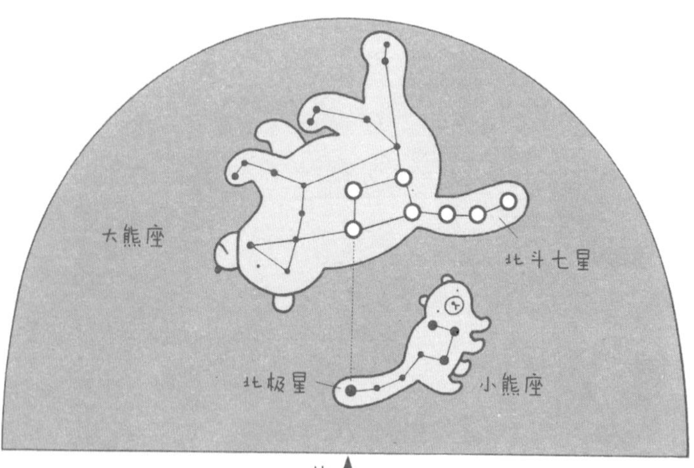

我们可以通过连接北斗七星斗口的两颗星，朝斗口方向延伸就能找到北极星。北极星在神话里是大熊座的孩子，属于小熊座的一部分。

月球 太阳系 银河系 天体·星座 宇宙开发

195 人气值

有人去过火星吗？

火星是地球附近的一颗行星。
有人去过那里吗？

以下三个选项中你认为正确的是哪个？

没有。无人探测器到过。

没有。因为没到那之前宇宙飞船就已经坏了。

有。俄罗斯航天员去过。

答案见下一页

答案1 迄今为止还没有人去过，只有无人探测器到过很多次。

人类去过最远的天体是月球。遗憾的是，迄今为止还没有人去过火星。不过无人探测器曾到过很多次。

探测器主要用来勘测火星地形，分析火星上是否有冰或液态水。另外，通过对采集到的岩石矿物进行分析，确定火星上是否或曾经有过生命。通过分析，证实火星上曾经有水，推测现在也应该有地下水。火星神秘的面纱正一点点被揭开。

NASA（美国国家航空航天局）现已经开始研制载人火箭、载人飞船。

美国火星探测器

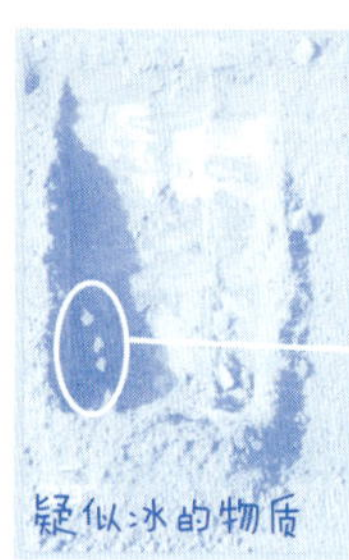

2008年在火星表面发现了疑似冰的物质

四天后蒸发消失了

位于火星上的奥林匹斯山，是迄今为止太阳系中最大的火山，高达27000米，是珠穆朗玛峰高度的3倍多，火山底部直径约600千米。

照片：NASA

为什么排行榜 62位

204 人气值

去过太空的中国航天员有几名？

中国航天员活跃在国际太空事业中。
迄今为止有几名中国航天员去过太空？

以下三个选项中你认为正确的是哪个？

1 已有27名航天员去过太空。

2 已有16名航天员去过太空。

3 只有2名。今后会不断增多。

答案见下一页

答案

2 迄今为止中国已有16名航天员去过太空。

2003年中国首次载人飞船成功，截至2022年，中国共发射了十五艘飞船，其中十艘是载人飞行，分别是神舟五号、神舟六号、神舟七号、神舟九号、神舟十号、神舟十一号、神舟十二号、神舟十三号、神舟十四号、神舟十五号，共16名航天员进入太空。我国首位进入太空的航天员是杨利伟，他乘坐神舟五号飞船，在太空飞行了21个小时。此后，相继进入太空的还有费俊龙、聂海胜、翟志刚、刘伯明、景海鹏、刘旺、刘洋、张晓光、王亚平、陈冬、汤洪波、叶光富、蔡旭哲、邓清明、张陆，刘洋和王亚平是女航天员。

世界上第一名航天员是前苏联的加加林。1961年他完成了在外层空间1小时50分的航天飞行，成为世界首次载人航天飞行。他激动地向人们描述从太空中看到的美丽地球，是一个“蔚蓝色的球体”。

月球 太阳系 银河系 **天体·星座** 宇宙开发

为什么排行榜 61位

204 人气值

星座的形状永远不变吗？

星座是由古人创造的。

从那时起，星座的形状就一直没变吗？

以下三个选项中你认为正确的是哪个？

1 没变。因为那是星座。

2 实际上根据四季变化而变化。

3 有变化。天体在一点一点地移动。

答案见下一页

答案

3 有变化。有的天体会移动，有的天体会因爆发而消失。

构成星座的天体相对于太阳一直在移动，星座分别向天体移动的方向移动，所以星座的形状也经常发生变化。恒星距地球很远，所以因天体移动发生的形状变化，几十年里是看不出来的。但如果经过几万年、几十万年的话，就会发现星座的形状与现在不一样了。

晴朗的夜空里一年四季都能看到的北斗七星，现在的形状也与20万年前有所不同。

估计20万年后的形状一定不会和现在一样。另外，天体还会因爆发而消失（见32页）。这种情况也会导致星座发生变化。

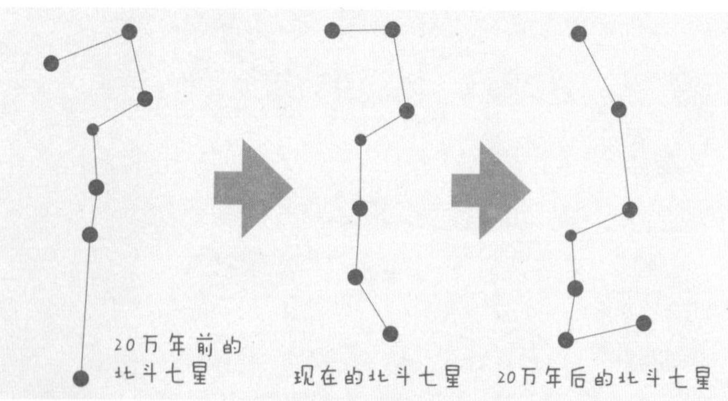

1781年，英国天文学家赫歇尔发现，恒星的位置与公元150年测定的位置有些偏离，由此得知星座的形状是会变化的。

番外篇

宇宙数字

智力问答1

因为宇宙超级巨大，所以与宇宙有关的数字也很大！我们来看一看，下面的数字分别表示什么。

1亿5000万千米

（150000000km）

好想去那么远的地方。

2 470亿光年

（470000000000000000000000km）

实在是太宽了。

3 46亿年

（4600000000年）

是真的吗？
不会吧！

5600万元

（56000000元）

通货膨胀！

5 1000亿个

（100000000000个）

很难数清的数字。

数千亿个

整个宇宙！

答案在下一页！

答案揭晓

1 地球到太阳的平均距离

如果把太阳比作卷心菜、地球比作芝麻，那么它们的距离就是棒球场的本垒和投手的距离。

2 宇宙现在的尺度

137亿年前诞生的宇宙，会一直保持那样的尺度吗？（请查阅136页）

3 地球的年龄

宇宙出现后历经90亿年，才诞生了地球。

4 航天服的价格

因为是纯手工制造的多功能服装。（请查阅62页）

5 银河中恒星的数量

所谓的银河，就是我们所居住的银河系。（请查阅40页）

6 整个宇宙中所有星系的数量

宇宙中有的地方有星系，有的地方很空旷。（请查阅116页）

番外篇

宇宙 数字

智力问答 2

与太阳系的天体有关的数字。你知道下面的都是什么数字吗？

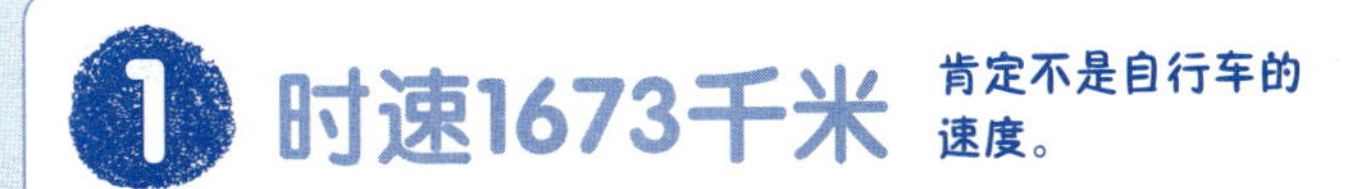

1 时速1673千米　肯定不是自行车的速度。

2 秒速30千米　会因转得过猛而摔倒。

3 体重5千克　有种会被撞飞的感觉。

4 跳高3.5厘米　如果只跳这么高的话，即使摔倒了也不会疼。

5 乘坐高铁大约53天　2个月才能到。

6 乘坐高铁大约19年　即使让我去也不去。

答案在下一页！

答案揭晓

1 赤道上地球自转的速度

在地球上的不同位置，自转速度也不一样，在赤道上地球自转的速度最快，比普通喷气式飞机还要快。

2 地球的公转速度

以相当于高铁速度的360倍绕太阳运转。

3 人在月球上的体重

月球的重力约是地球的1/6，假设30千克（小学生的平均体重）的人，在月球上将变成5千克。

4 人在太阳上跳起来的高度

太阳的重力约是地球的28倍。在地球上能跳98厘米的人，在太阳上就只能跳3.5厘米。

5 乘高铁去月球需要的天数

地球和月球相距约38万千米，以时速300千米的速度行驶的话，约要53天。

6 乘高铁去火星需要的年数

即便火星距地球很近，如果乘时速300千米的高铁去的话，需要6950天（约19年）。

为什么排行榜 60 位

209 人气值

人造卫星之间不会相撞吗?

在宇宙空间里有很多科学卫星、对地观测卫星、气象卫星等人造卫星在飞行，它们不会相撞吗?

以下三个选项中你认为正确的是哪个?

1 经常会。因操作失误而相撞。

2 一般不会。因所处的高度和轨道不同。

3 有时会。之后将变成流星。

答案见下一页

答案

一般不会。因为它们飞行的高度和轨道不同。

目前有世界各国的约7000个人造卫星在地球周围飞行。

不过，它们是不会相撞的。那是因为人造卫星都在各自不同高度和轨道（环绕地球的路线）上飞行。并且，宇宙空间非常广阔，即便有这么多的人造卫星飞行，也会有很多空的地方。

但是，有时会出现人造卫星的碎片撞到“宇宙垃圾（宇宙中的陨石碎片）”的情况。不过，据统计至今仅有过一次。因为只有10厘米以上的碎片，才能被地面雷达监测到。

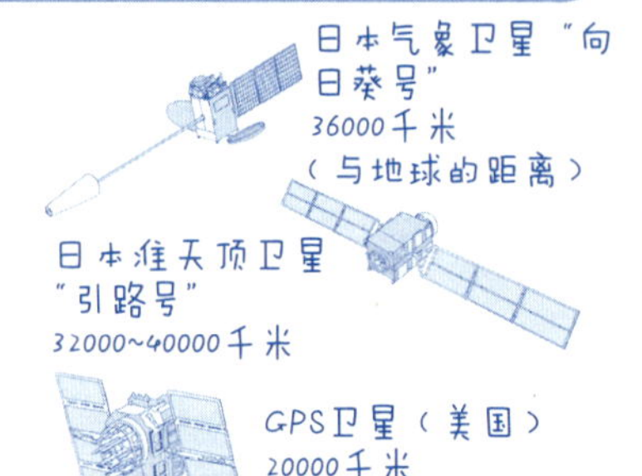

检测宇宙环境的SERVIS-2卫星
1200千米

日本勘测技术卫星“大地号”
700千米

日本太阳观测卫星“日出号”
680千米

日本温室效应气体观测卫星“呼吸号”
660千米

地球

绝大多数的人造卫星到了寿命之后，都会在大气层中烧尽，没烧尽的部分残留在地球周围。而工作中的人造卫星或空间站也有遭遇撞击的可能，所以专家们正在针对此类问题研究对策。

210 人气值

太阳表面为什么会出现“黑点”？

通过观察太阳的照片，我们看到它的表面有“黑点”出现。这究竟是什么呢？

以下三个选项中你认为正确的是哪个？

表面烧出来的洞。

吸入了周围的小行星。

该部分比周围温度低。

答案见下一页

黑点比周围温度低。

太阳表面的黑点叫“黑子”，温度约4000~4500℃，比周围温度低1500℃。

太阳黑子一般很少单独活动，常常成群出现。虽然看上去很小，其实一个小黑子的直径达几百千米，而一个大黑子则达几十万千米。有时也会出现比地球大10倍的黑子。不过，它们会在几天或几十天内完全消失。

科学家推测，黑子的形成与太阳内部有很强的磁场有关，黑子的出现是由于磁力的关系而使太阳表面出现气体旋涡的结果。长期观察发现，当太阳活动现象比较频繁时，黑子出现得多。当太阳停止活动时，太阳表面上的黑子逐渐消失。

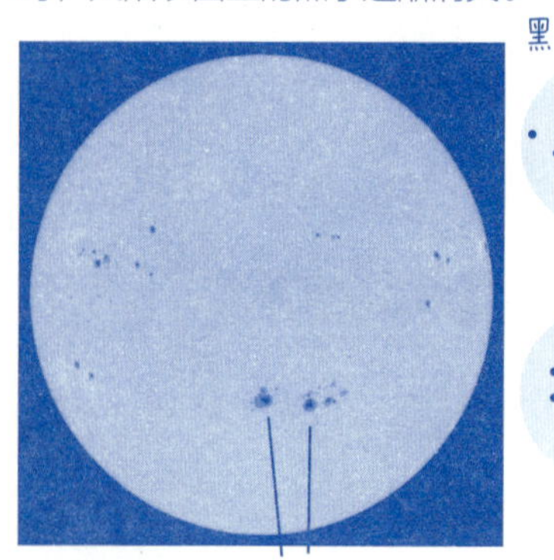

黑子出现周期

第1年　第2年　第3年

第9年　相隔11年再次增多　第12年

黑子数量变化约以11年为一个周期，叫“太阳黑子周期”，也用来表示“太阳活动周期”。

图片：NASA

月球 太阳系 银河系 天体星座 **宇宙开发**

为什么排行榜 58 位

213 人气值

航天服里都有什么设备？

航天员在太空中作业时，都要穿着比自己体重还要重的航天服，那么航天服里到底都有什么设备呢？

以下三个选项中你认为正确的是哪个？

提供氧气让人呼吸，还可以调节温度。

有饮水装置，方便喝水。

有浮力装置，走起路来很轻。

答案见下一页

答案 1

航天服里装有为航天员提供氧气和调节温度的设备。

宇宙中几乎没有空气，因此航天服后面的背包配有维持生命的氧气罐，来维持航天员的生命活动。另外，在宇宙中朝阳的地方和背阴的地方温差达200℃。为抵御高温和低温的急剧变化，航天服采用的都是隔热材质。

另外，衣服上还排列有大量聚氯乙烯细管，主要是在航天员体温过高时调节温度。如果体温过高，低温液体将通过细管流动降低体温。此外，航天服最外一层还有防护装置，主要保护航天员在飞行中免受宇宙辐射和微流星等环境因素的危害。由于这么多功能集于一身，质量约120千克。但由于宇宙中没有重力，所以不用担心重量问题。

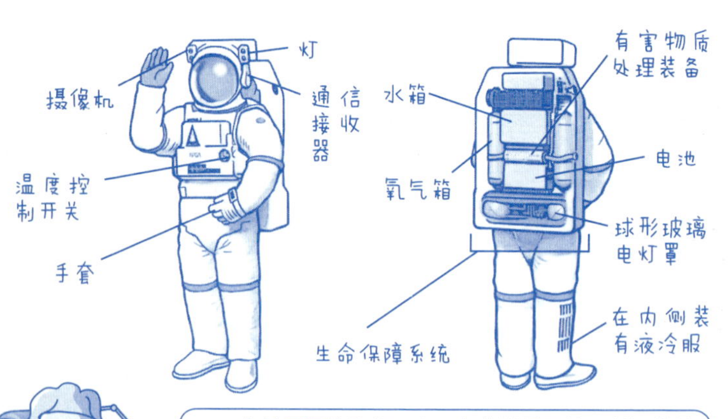

在航天服的胸部，有一个非常重要的可以调节航天服内空气的操作开关。航天员通过它可以随时调节温度。由于穿上服装后看不到这个开关，所以在手臂处装有一面小镜子。

214 人气值

除太阳外还有能自身发光的天体吗？

在太阳系中能发光的天体只有太阳。
那么，在宇宙中还有其他能发光的天体吗？

以下三个选项中你认为正确的是哪个？

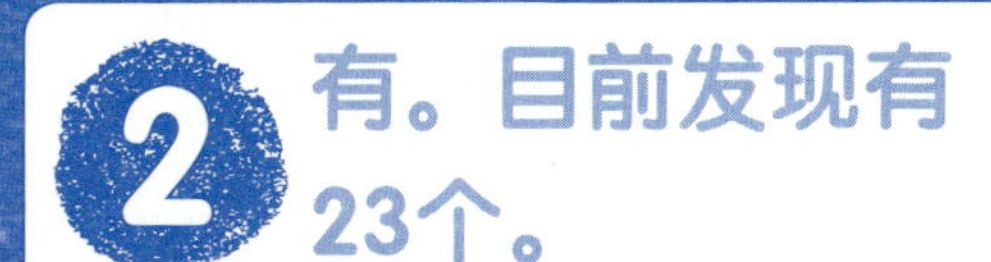

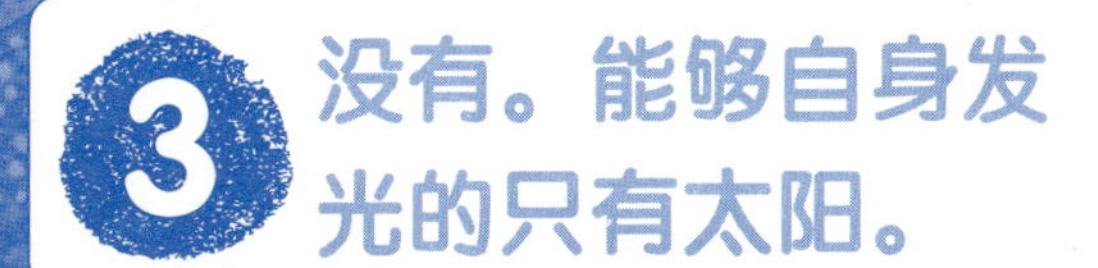

答案见下一页

答案 1

有无数个。但离太阳最近的恒星相距约4×10^{13}千米。

像太阳一样自身能发光的天体叫恒星。

在晴朗的夜空中一闪一闪发光的天体，大部分都是银河系里的恒星。在银河系里大约有1000亿颗恒星。在宇宙中，除了银河系以外还有几千亿个星系。所以，宇宙中有数不尽的恒星。即使离太阳最近的恒星，也离太阳4.3光年（大约4×10^{13}千米）远。

像太阳一样，恒星都能把氢转变成氦，这种反应叫“核聚变”（见158页）。

核聚变时，恒星会发出巨大的光和热，所以即便在远处也能看到。

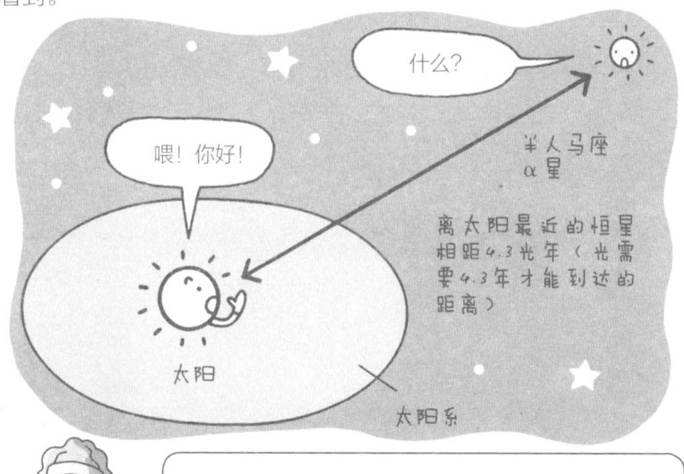

木星虽然不是恒星，但是它的化学成分与太阳相似。如果木星的质量增加到现在的100倍，就会引发核聚变反应，可能会成为第二个太阳。

215 人气值

据说有不带“镜”的望远镜，是真的吗？

通常使用的望远镜，都是通过“镜”来观测远处物体的。没有“镜”能看到远处吗？

以下三个选项中你认为正确的是哪个？

1 不能。如果没有“镜”，就不是望远镜了。

2 能。可以用电力聚光来观测。

3 能。可以通过无线电波来观测。

答案见下一页

答案

3 能。可以接收天体发来的无线电波。

用来观测天体的“射电望远镜”是没有“镜”的。它通过接收恒星（自身发光的天体）发出的无线电波进行观测。大多数恒星除了发出人眼能感知的光（可见光）外，也能发出其他电磁波。所以，利用射电望远镜可以清晰地观察恒星的真实面貌。

射电望远镜的“镜”，是像个大盘子似的抛物面天线。

用射电望远镜观测天体时，由天体投射来的电磁波被抛物面反射后，收集到处于正中间的接收器。天线收集到电磁波的强度和变化，再通过电脑处理，就能检测出是什么天体。

射电望远镜要建造在空气稀薄、无污染的干燥地区。

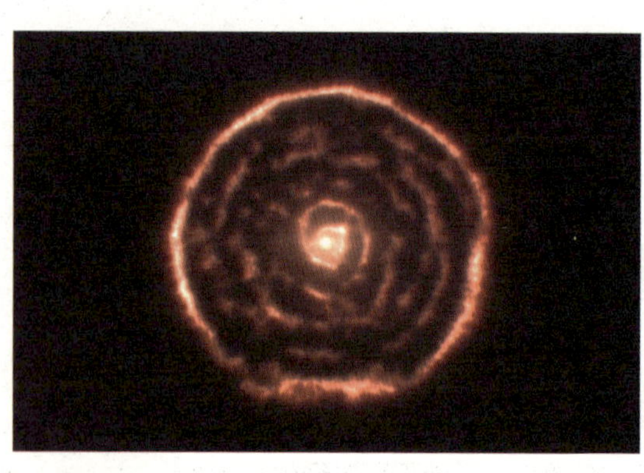

ALMA望远镜拍摄到的“玉夫座R星”。

日本国立天文台野边山射电望远镜。

智利北部海拔5000米的阿塔卡马沙漠，是建造射电望远镜的最佳场所，这里聚集了世界各国的射电望远镜（ALMA）。

照片：ALMA（ESO/NAOJ/NRAO）

为什么排行榜 55 位

219 人气值

计划在宇宙中用太阳光发电是真的吗？

所谓的太阳能发电，就是把太阳能转换为电能。
难道宇宙中没有阴天和雨天？

以下三个选项中你认为正确的是哪个？

1 真的。计划把电线接到月球上。

2 真的。把电能转换为电磁波传送到地球。

3 假的。即使发电也没有用。

答案见下一页

真的。用太阳光发出来的电转换为电磁波，传送到地球。

从1980年开始，日本国立研究所和大学研究院已经进行了太空太阳能发电技术研究。

太阳能如何转换成电能呢？首先在宇宙空间里建造一个装有庞大的太阳能电池板的发电卫星。它将太阳能直接转化成电能，再把电能转化为电磁波发回地面重新转化成电能。

由于在大气层以外的宇宙空间，接收到的太阳光强度约是地球的1.4倍。因此能发很多电，还不受云雨天气的影响，任何时候都能转换成相同数量的电能。该项目还在计划当中。

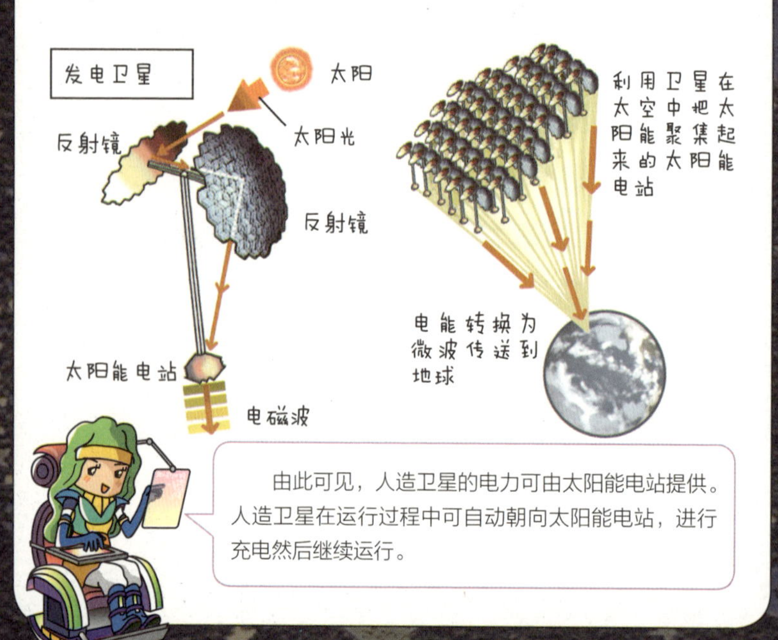

为什么排行榜 54 位

220 人气值

国际空间站位于太空中的什么位置？

国际空间站是绕地球飞行的大型人造物体。
那么，它在离地球多远处环绕呢？

以下三个选项中你认为正确的是哪个？

1 在月球和地球的中间位置。

2 大约离地面36000千米的位置。

3 大约离地面400千米的位置。

答案见下一页

答案

国际空间站大约在离地面400千米的上空飞行。

国际空间站，简称ISS，在距离地面400千米的轨道上，每90分钟绕地球飞行一圈。

ISS的大小约180.5米×72.8米，有足球场那么大。如果天气好的话，日出或日落后的2个小时内左右的时间，在地面上裸眼可以观测到。

虽然看不清楚它的形状，但它比其他天体要亮。夜空中能看到有一颗很亮的“恒星”，在空中慢慢地移动，那就是ISS。

具体什么时间，在什么方位能观测到呢？可以搜索有关ISS网址。

国际空间站（ISS）

国际空间站的质量约有420吨。它并非一次性发射到太空，而是分40次把零部件运送到太空，然后再在太空中组装。

照片：NASA

223 人气值

在宇宙飞船里如何睡觉？

宇宙飞船和地面不同，它处于失重状态，
那么在里面能很好地睡觉吗？

以下三个选项中你认为正确的是哪个？

1 在宇宙飞船中飘来飘去地睡觉。

2 把身体固定在舱壁或柱子上睡觉。

3 躺在床上要用很多被子盖上才能睡觉。

答案见下一页

答案

为了不让身体飘来飘去，将身体固定在舱壁或柱子上睡觉。

由于宇宙飞船内处于失重状态，所以航天员在舱内是飘来飘去的。

如果睡觉时撞到机器的话会很危险，所以航天员会睡在像橱柜一样的很狭窄的床上，或固定在舱壁上的睡袋里睡觉。

在失重状态下，是分不清上和下的，站着、躺着睡都是一样，所以就没有睡觉的感觉。因此，无论在床上还是在睡袋里，都需要用腰带固定好身体，尽可能创造出像在地面睡觉的感觉。

据说航天员的睡眠时间一天最多6个小时。

在舱内如果不固定好身体的话，就会飘浮在空中。

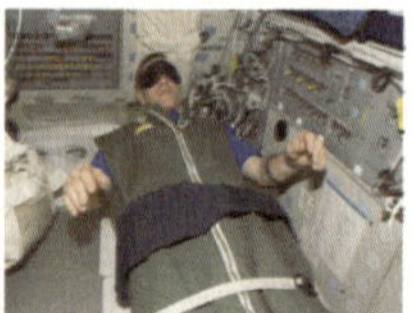

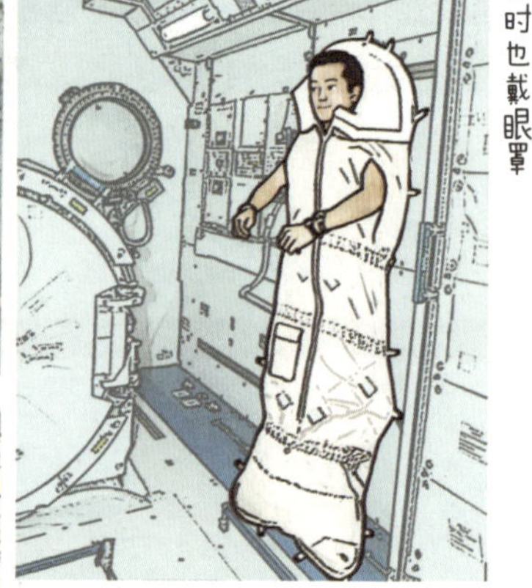

有时也戴眼罩

固定身体

航天员们在睡觉时，宇宙飞船中的仪器仍在运行，所以舱内仍然明亮，而且还有机器的噪声。因此，睡不着觉的人可以戴上眼罩和耳塞。

照片：NASA

224 人气值

据说有寄给外星人的信，是真的吗？

从地球寄给外星人的信，到底是怎么回事？
真的有外星人吗？

以下三个选项中你认为正确的是哪个？

真的。从UFO那里收到了回信。

真的。安装在飞往太阳系外的空间探测器上。

假的。只有从外星人那里来的信。

答案见下一页

答案

真的。安装在飞往太阳系外的空间探测器上。

1972~1973年美国先后发射了先驱者10号和先驱者11号两颗探测器。

这两颗探测器上放置了描绘有人类外貌特征，并标出地球和太阳系在宇宙中准确位置的铝制信息板。

另外，1977年美国发射的旅行者1号和旅行者2号探测器上，也都放置了铜制镀金小圆盘，上面录制了地球上自然界的各种声音和55种人类语言的问候等信息。

如果探测器在宇宙的某个地方遇到外星人的话，它将成为传达地球人信息的信件。这些探测器都在太阳系以外飞行，目前仍在探测中。

旅行者2号

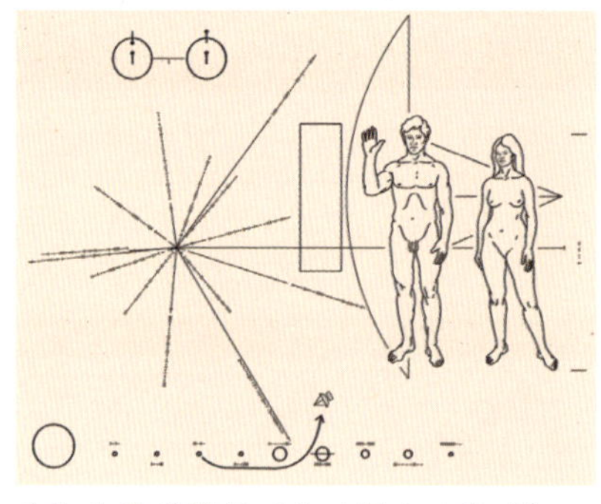

先驱者号携带着"向外星人的致信".

旅行者2号上放置的铜制镀金录音圆盘.

先驱者10号、11号是人类派往外行星访问的第一批使者。旅行者1号、2号拍摄到了比木星更远的行星照片，并传回地球。

照片：NASA

225 人气值

太阳系中只有土星带光环吗？

以下三个选项中你认为正确的是哪个？

1. 是。唯有土星有光环。
2. 不是。木星、天王星、海王星也有。
3. 不是。土星的卫星上也有光环。

答案见下一页

答案 2

不是。木星、天王星、海王星也有光环。

木星有3个光环，天王星有11个光环，海王星有4个光环。1979年旅行者2号探测器拍摄到了木星光环的照片。

经研究分析，这些光环都是由岩石微粒组成的。1977年旅行者2号探测器发现了天王星光环。虽然这些光环很细，而且亮度略暗，但如果用大型望远镜或太空望远镜观测的话，有时可以看到。海王星光环也是旅行者2号发现的。行星的光环并不连续，有时会在某个地方出现断口。由于行星的光环都比较细，而且很薄，所以用家庭望远镜很难观测到。

历史上，首先发现土星光环的是意大利天文学家伽利略，是他在1610年利用自制望远镜观测土星时发现的。当时没有意识到那是光环，伽利略在笔记本上写下了“土星上有两个耳朵”。

230 人气值

金星真的是金色的吗？

金星又称“启明星”“长庚星”。亮度仅次于月球。
它真的是金色的吗？

以下三个选项中你认为正确的是哪个？

真的。它发出金色的光。

2 假的。它被冰和雪覆盖，是白色的。

假的。因为金星上有很多植物，所以发出的是绿色的光。

答案见下一页

答案

真的。因为它表面包裹着厚厚的云雾，可以将太阳光反射到地球，所以地球上能看到耀眼的金色光芒。

金星含有大量的二氧化碳，它被厚厚的大气遮得严严实实的。由于上空有厚厚的云雾，它可以将太阳光反射到地球，所以在地球上能看到耀眼的金色光芒。

由于二氧化碳产生的“温室效应”，金星发出的热量很难散发到宇宙空间，因此金星表面温度高达480℃。金星上空有一层厚厚的硫酸云，勘测结果表明，金星地面几乎都是被岩浆和岩石所覆盖。

金星

金星是离地球最近的一颗行星。它与地球有相似的大小、质量和密度。它的地形凹凸不平，上面有很多海拔2000～3000米的高山。

照片：NASA

233 人气值

为什么火星看上去是红色的？

用望远镜观测或从照片上看火星，
它的确呈现出一片红色。那究竟是为什么呢？

以下三个选项中你认为正确的是哪个？

因为红色的岩浆喷出后凝固的结果。

因为火山爆发持续了几万年。

因为火星表面的岩石含有较多的铁质，是铁质被氧化后的结果。

答案见下一页

答案

3 因为火星表面岩石含有较多的铁质，是铁质被氧化后的结果。

火星表面的岩石含有较多的铁质，当这些岩石受到风化作用成为沙尘时，其中的铁质被氧化，成为红色的氧化铁。1976年，“海盗号”探测器在火星着陆，拍摄到了砂砾及岩石的清晰照片。被红色的赤铁矿（氧化铁）覆盖的大地上，有陨石坑（小行星撞击形成的）、火山、峡谷以及洪水冲刷后形成的地形。而且，由于火星大气稀薄，有时会发生沙尘暴。这时细小的砂砾被卷起，火星的天空一片红色。

探测器拍摄到的火星表面

在火星上，能看到一片像血一般鲜红的颜色，所以火星在西方被称为战神。古罗马将其称为“战神玛尔斯”。

照片：NASA

为什么排行榜 48 位

234 人气值

夜空中，暗的部分是什么都没有吗？

夜空中除了一闪一闪的恒星之外，
还有眼睛看不到的东西吗？

以下三个选项中你认为正确的是哪个？

1 有。不发光的暗物质。

2 有。黑色的天体有1亿多个。

3 没有。是什么都没有的空间。

答案见下一页

有。据天文学家研究分析，在黑暗处还存在不发光的暗物质等。

用望远镜观测宇宙，除了发光天体外，还有各种各样的天体。例如“黑洞”“中子星”“白矮星”“褐矮星”等。另外还存在一些发不出强烈光、体积小、用望远镜也很难观测的天体。

据天文学家分析，除此之外，因不发光而观测不到的天体还有很多。如果仔细观测宇宙的话，可以从银河和气体的变化、光的前进方向等来判断，有些物质虽然不发光，但具有超大的质量，这些下落不明的物质被称为“暗物质”。

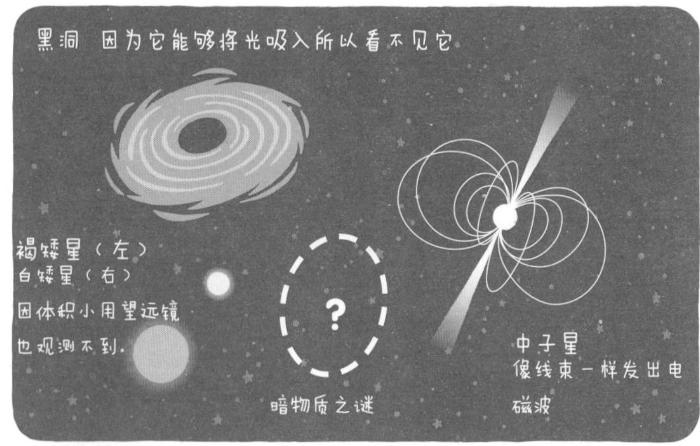

观测表明，现在的宇宙还在继续膨胀。天文学家分析未来的宇宙有两种可能：①继续膨胀；②收缩消失。

月球 太阳系 银河系 天体·星座 宇宙开发

235 人气值

为什么月球上没有空气?

虽然月球和地球离得很近,
但为什么地球上有空气,月球上却没有呢?

以下三个选项中你认为正确的是哪个?

1 因为空气在月球的中心,只有挖掘才会出来。

2 因为空气在月球上空最高处。

3 因为月球吸引不了空气。

答案见下一页

答案 3

由于月球引力微弱，所以它吸引不了空气。

地球上有空气，而月球上却没有，那是因为月球比地球体积小。体积小的天体，重力（见第8页）就弱。重力弱的天体，吸引东西的力就不强。因为地球重力强，所以能吸引空气，而月球重力弱，所以吸引不了像空气这样的气体。

如果没有了空气，空气压东西的力（压力）当然也就没有了。那么，像水这样的液体，也会马上蒸发掉。所以说，在月球上我们看到的，全是像石头等这样的固体。

月球的重力仅为地球的1/6。因此，体重60千克的人，到了月球就会变成10千克。不过，如果是跳高的话，所跳的高度是地球的6倍。

237 人气值

11月出生的人是天蝎座，但为什么这个星座只能在夏天看到？

夜空中的星座
与生日星座有什么关系？

以下三个选项中你认为正确的是哪个？

1 因为11月它与太阳在同一个方向，而夏天在太阳的相反方向。

2 只有夏天能看到，而且必须是11月出生的人才能看到。

3 你的星座与什么时候能看到的星座没有任何关系。

答案见下一页

因为天蝎座11月与太阳在同一个方向，而夏天在太阳相反的方向。

生日星座源于2000年前希腊创造的“黄道十二星座”，指位于黄道面上的12个星座（黄道就是地球的公转轨道）。

生日星座是白天的星座，到了晚上，由于地球转向另一面，所以就看不到了。

天蝎座出现在11月白天的天空中。此时它与太阳在同一个方向，所以用裸眼看不到它。到了夏天，天蝎座正好位于太阳的相反方向，这时能看到它。另外，由于“黄道十二星座”划分出来至今，已历经很长时间，所以，古时星座的位置与现在相比，多少有些变化。

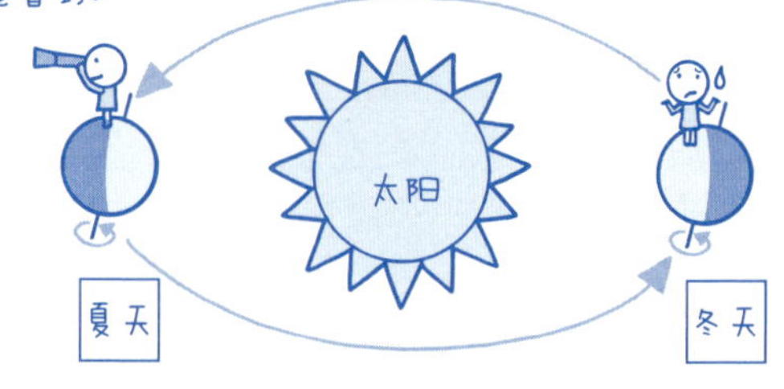

由于地球自转的原因，星座每天旋转1次，即“周日视运动”。另外，由于地球公转的原因，在夜晚的天空中能看到的星座是每年旋转1次，即“周年视运动”。

月球 太阳系 银河系 天体·星座 宇宙开发

238 人气值

太阳有寿命吗?

既明亮又耀眼的
太阳也会有终了的那一天吗?

以下三个选项中你认为正确的是哪个?

1 有。太阳的寿命大约还有1万年。

2 有。太阳的寿命大约还有50亿年。

3 没有。因为太阳的能量是无限的。

答案见下一页

太阳是有寿命的。大约还有50亿年。

据分析，再过50亿年，太阳将迎来“老年期”。之所以这么说，是因为太阳内部的氢在减少。太阳把氢转变成氦后，产生核聚变反应（见158页），发出光和热。如果这种氢氦物质一旦消耗尽，太阳就会开始膨胀，表面温度下降，将变成一颗“红巨星”。

之后，太阳会把外层大气释放到太空中，形成恒星状星云（见18页），最终坍缩成一颗“白矮星（见82页）”。虽然它仍会持续发出光芒，但它的质量会下降，然后慢慢冷却，失去光芒，最后消失。

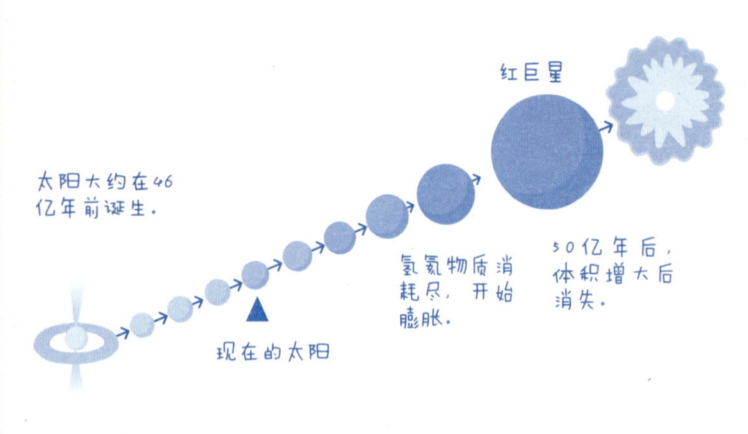

现在的太阳自诞生已有大约46亿年了。如果比喻成人的话，它正值壮年期。它现在仍有很多氢氦物质，为发出光和热提供燃料。

月球 太阳系 银河系 天体·星座 宇宙开发

为什么排行榜 44 位

239 人气值

如果出现故障，人造卫星将会怎样？

人造卫星绕地球高速飞行。即使出现了故障也不会轻易掉下来。那么，究竟会什么样呢？

以下三个选项中你认为正确的是哪个？

坠落到月球成为陨石。

爆炸后消失。

变成宇宙中的垃圾。

答案见下一页

答案

它会变成宇宙中的垃圾，有时也坠落到地球。

人造卫星即使出现了故障，它也会以这种状态继续绕地球飞行。大概要经过几年或几十年坠落到地球，大部分会在到达地球前完全燃烧掉。如果遇到因体积大而无法完全燃烧的情况，专家们会预测出坠落的位置，然后制定解决方案。处于特别高的轨道上飞行的人造卫星，出现故障后不会马上坠落，会以这样的状态继续飞行，有的甚至环绕地球飞行达几百年以上。像这样有故障的人造卫星，最终会成为垃圾残留在宇宙中。

宇宙垃圾一旦与飞船或其他人造卫星相撞的话，后果不堪设想。因此，专家们正在研究卫星的回收再利用。

据不完全统计，在宇宙空间中，能够观测到高度和飞行方向的宇宙垃圾大约有9000个，而因为太小而观测不到的竟达30000多个。

月球　太阳系　银河系　天体·星座　宇宙开发

为什么排行榜 43 位

240 人气值

即使离暗星很近，它也一样是暗吗？

即使离得很近，
它也会很暗吗？

以下三个选项中你认为正确的是哪个？

1 离它越近就越暗。

2 如果离它近的话，不一定是暗的。

3 暗星要远离，不能靠近。

答案见下一页

答案 2

暗星，如果靠近它未必是暗的。

为什么暗星会发暗呢？虽然天体会有发暗的时候，但有时也会因离地球较远或天体的体积较小，看上去比较暗。

比如说，猎户座中间的三颗星要比左上方的α星（参宿四）暗，是因为这三颗星要比α星远而小。如果猎户座中所有天体与地球距离都相同的话，那么这三颗星要比α星亮很多。

也就是说，由于猎户座中的β星（参宿七）要比α星年轻，且发出来的光更强，所以它是猎户座中最亮的星。

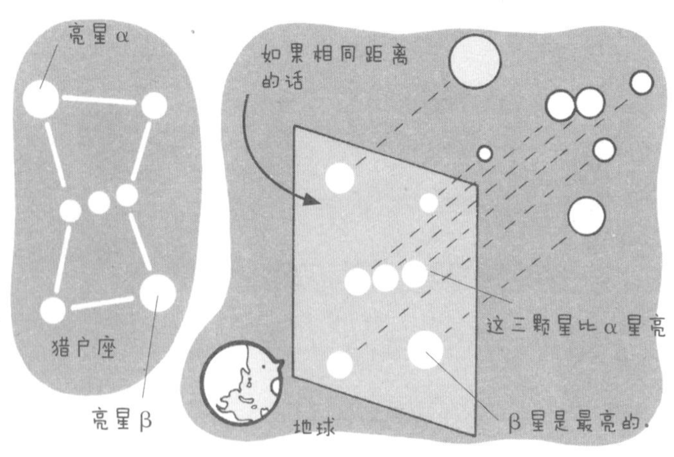

如果把天体质量增大2倍的话，那么它所发出来的光是原来的4倍，如果增大3倍的话，它所发出来的光是原来的9倍。另外，如果把与天体的距离扩大2倍的话，那么它所发出的光，亮度仅有原来的1／4。

241 人气值

流星为什么会在夜空中划过？

为什么流星会在夜空中“嗖地一下”
朝着一个方向飞驰而去呢？

以下三个选项中你认为正确的是哪个？

1. 因为它是绕太阳高速旋转的天体。

2. 因为它是被太阳引力所吸引的天体。

3. 因为它是落到地面上的宇宙尘埃。

答案见下一页

答案

3 宇宙尘埃落到地面时，在天空中飞行的样子。

宇宙空间存在大量尘埃和微小的碎片。它们绕着太阳运动，偶尔与地球的轨道相交（见34页）而接近地球，当它们穿过环绕地球的大气层时，同大气分子发生剧烈碰撞与摩擦，继而燃烧发光、坠落，并在夜空中留下一道耀眼的光迹，这种现象叫“流星”。

这种坠落过程，看上去就像划过天空一样。由于宇宙尘埃经常飞进地球大气层，所以流星会出现在天空中的不同地方。根据进入地球大气层的角度不同，地球上看到流星划过的方向也不同。晴朗的夜空中可以很清晰地观测到。

彗星撒落出尘埃，而那些尘埃绕着太阳运行。当尘埃的轨道接近地球轨道时便出现“流星雨群”。而某个方向的流星雨群多出现在每年的同一时期。

242 人气值

木星为什么会有条纹？

木星上有褐色或白色的条纹。
这种条纹到底是什么呢？

以下三个选项中你认为正确的是哪个？

是高速旋转所产生的气体。

沙土成分随方位变化而变化。

极光经常出现在它的上空。

答案见下一页

木星高速运行所产生的气体。

木星的大气主要由氢和氦组成。由于它的自转速度比地球还要快，所以在大气中会产生高速气流。它表面上明暗交替的条纹都与赤道平行，这些条纹是木星的大气环流。而木星表面条纹的颜色，随大气中飘浮的氨化物体积大小和厚度变化而变化。

褐色部分气压低，白色部分气压高，温度稍高。

另外，木星表面有个像眼球一样的红色斑点，叫“大红斑”，是木星上最大的风暴气流。

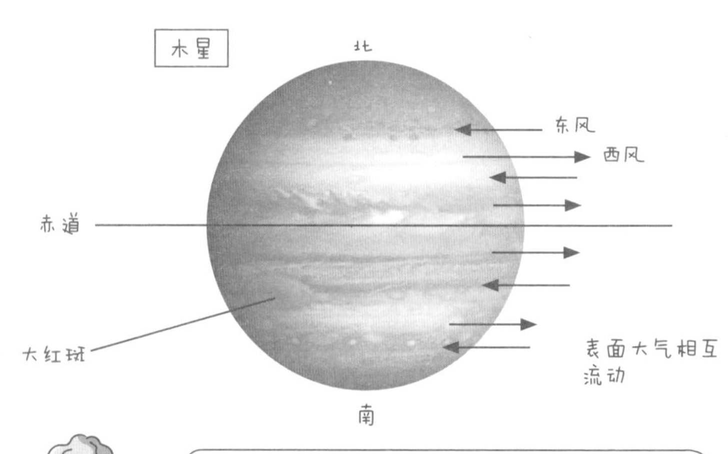

木星和地球一样，都有极光现象。因为木星南北极和地球一样都存在磁场，木星极区磁场捕获太阳内部释放的高能等离子体粒子流，把它们吸入大气层中产生了极光。

照片：NASA

番外篇

季节星座

十二星座 神话智力问答

我们看到的星座随季节变化而变化，而“黄道十二星座”就是我们所说的生日星座。

白羊座中的羊毛是白色的吗？

是很漂亮的颜色哦！

2 金牛座中的金牛是谁的化身？

反正不是狼……

3 双子座中的兄弟是骑马高手吗？

两个人一起骑马吗？

4 巨蟹座中的螃蟹被英雄怎么了？

应该不是被吃掉了吧？

5 狮子座中的狮子吃什么？

要暗示吗？

6 处女座中的姑娘被怎么了？

希望平安无事。

答案在下一页！

答案揭晓

1 金色

白羊座（3/21~4/20）

天空中飞来一只有着金色长毛的羊，解救了正在被欺压的公主和王子。

2 天神宙斯

金牛座（4/21~5/21）

宙斯为了接近公主，化身为牧场中的一头牛。最后喜结连理。

3 拳击运动员

双子座（5/22~6/21）

弟弟是拳击手、不死身。因哥哥死去而非常伤心的弟弟向天神宙斯求情希望能永远在一起，因此把他俩变成一个星座。

4 被踩了。

巨蟹座（6/22~7/22）

想要夹住英雄海格立斯的脚，但被钢筋铁骨的英雄踩碎了。

5 吃人

狮子座（7/23~8/22）

食人狮子被英雄海格立斯打死。

6 被抢了

处女座（8/23~9/23）

传说被冥王抢走的那个姑娘，正是大地之神的女儿，伤心难过的母亲抛下大地去寻找女儿，从此万物停止生长，变成了冬天。

番外篇

季节星座

十二星座 神话智力问答

**黄道十二星座也用于占星学中。
但只有在与出生月份相反的季节才能看到。**

天秤座的天秤是量什么的？

要是量的话，会叽里咕噜地掉下来吗？

天蝎座的天蝎扎谁了？

反正不是我！

射手座的射手下半身是什么？

天生就是这样的吗？

摩羯座中的羊，有什么样的尾巴？

鱼？金鱼？

水瓶座中拿水瓶的人是谁？

是个美人！

双鱼座中的鱼是谁的化身？

不会是丘比特的化身吧！？

答案在下一页！

答案揭晓

1 人心的好坏

天秤座（9/24~10/23）

传说正义女神用它来衡量人心的好坏。

2 猎手奥利安

天蝎座（10/24~11/22）

女神赫拉为教训自大的奥利安而放出毒蝎。

3 马

射手座（11/23~12/21）

上半身是人下半身是马，正义感超强的人马族部落奇伦射箭的姿态。

4 鱼的尾巴

摩羯座（12/22~1/20）

牧羊神化身为鱼。

5 美少年

水瓶座（1/21~2/19）

给众神斟酒的美少年。

6 维纳斯和丘比特

双鱼座（2/20~3/20）

传说女神维纳斯和她的儿子丘比特，为逃脱怪物的袭击，母子俩跳入河中变成两条鱼逃走。

为什么排行榜 40位

243 人气值

普通人也能去太空吗?

我们也想去太空。
那么，无论谁都能去太空吗?

以下三个选项中你认为正确的是哪个?

1 不能去。如果没有特殊能力是不行的。

2 能去。但需要在20~40岁之间。

3 能去。开始启动太空旅行计划。

答案见下一页

能去。已经开始启动太空旅行计划

中国长征火箭已经公布了“太空旅行”计划的时间表。计划中，把亚轨道飞行体验作为服务大众的起点。亚轨道飞行是指在距地球表面20千米到100千米的空间飞行，飞行速度没能达到绕地球所需的飞行速度，需要的时间短、成本低，适合作为大众前往太空旅行的体验项目。

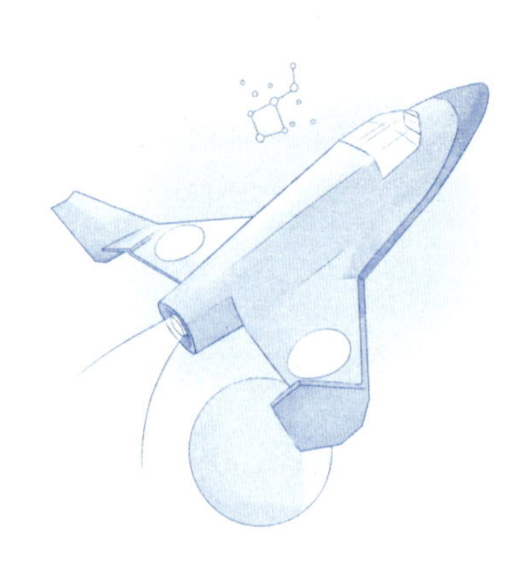

早在2001年，就有游客前往太空，第一位游客是美国商人丹尼斯蒂托，第二位是南非富翁马克-沙特尔沃思。由于费用高昂，只有超级富翁才能体验。不过有朝一日，普通人也可以进入太空。

月球 太阳系 银河系 天体·星座 **宇宙开发**

为什么排行榜 **39** 位

244 人气值

人在绕地球飞行的宇宙飞船里，为什么是飘浮着的？

在宇宙飞船里，不仅是人，任何物体都在空中飘浮着，究竟是为什么呢？

以下三个选项中你认为正确的是哪个？

1 因为引力和离心力均衡的结果。

2 因为在宇宙飞船里失去了引力。

3 因为在宇宙飞船里没有空气。

答案见下一页

因为在宇宙飞船里引力和离心力均衡而导致“失重”的状态。

地球上因为有引力，所以抛出去的物体会落回地面，人也不会飘浮在空中。而在宇宙飞船里虽然有引力，但是离开了地球，引力比地面上弱。而且，宇宙飞船以每秒7.9千米的速度绕地球飞行，所以会产生离心力（见8页），而这个力是向外运动的。在宇宙飞船中的航天员，要承受来自地球的引力和离开地球的离心力这两个力的作用。而这两个力又恰好相等，就变成了“失重”状态。因此，宇宙飞船中的人和周围的物体都是飘浮在空中的。

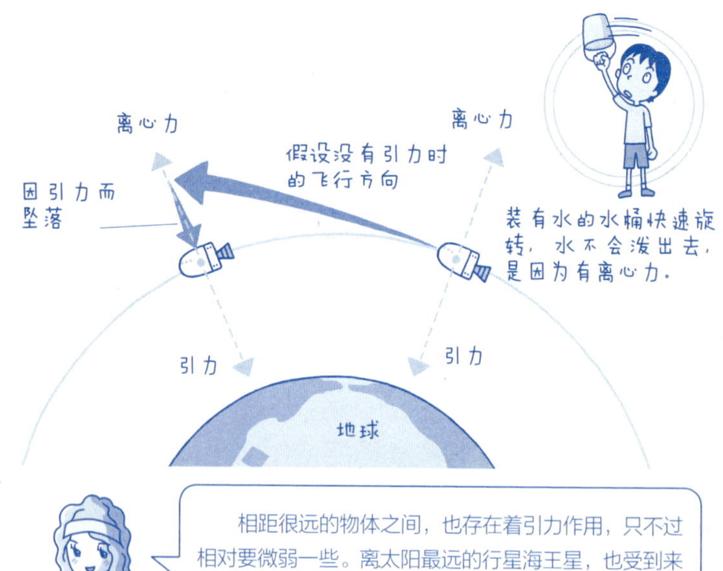

相距很远的物体之间，也存在着引力作用，只不过相对要微弱一些。离太阳最远的行星海王星，也受到来自太阳的引力作用。它公转一周需要164年零9个月。

245 人气值

除地球外在宇宙中还有适合人类居住的天体吗？

在辽阔的宇宙中存在无数天体。
即使在哪个星球上发现了其他生命体，
也不会感到意外！

以下三个选项中你认为正确的是哪个？

据分析有存在可能。

有。有人曾见过外星人。

没有，地球是个“奇迹星球”。

答案见下一页

答案 1

有可能。因为已经发现了与地球环境相似的行星。

能够自身发光、发热的“恒星”上，虽然没有发现生物活动迹象，但在绕着恒星旋转的“行星”上如果有液态水，可能会有生命存在。离恒星较近的行星，水会蒸发变成气体，而离恒星相对较远的行星就会结冰。有液态水的存在，而且行星离恒星的距离适中，这样的地带称为“生命宜居带”（恒星周围适合生命存在的最佳区域）。

太阳系中的地球正好处在这个地带。距地球约20光年有一颗宜居行星，这颗行星绕恒星Gliese581运转，大小和引力与地球相似。据分析，该天体有大气，因此推测可能存在生命（对此类分析，也有持反对意见的）。

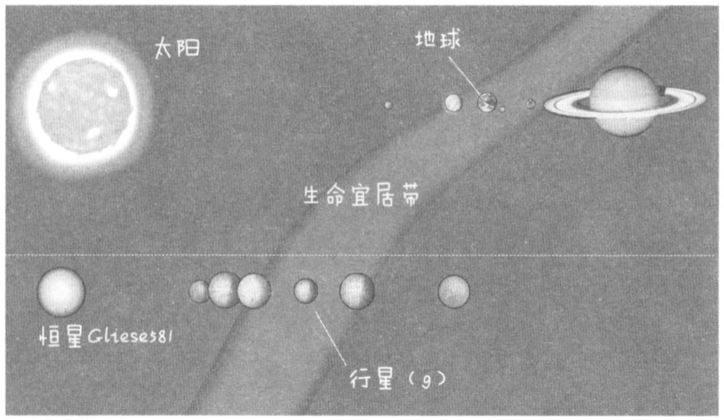

木星的卫星木卫二和木卫三，虽然没有处在宜居带的边缘，但由于地下有液态水，所以推测这两颗卫星可能适合生命存在。

月球 太阳系 银河系 天体星座 宇宙开发

248 人气值

据说水星离太阳最近，但是也有寒冷的时候，是真的吗？

水星是太阳系中离太阳最近的一颗行星，
为什么也会有寒冷的时候呢？

以下三个选项中你认为正确的是哪个？

1 假的。经常有超过5000℃的高温。

2 真的。因为是水星，所以不会有高温。

3 真的。夜晚极其寒冷。

答案见下一页

答案

3 真的。白天极热，而夜晚极冷。

因为水星是最靠近太阳的行星，它接收的太阳光和热是地球的7倍，是温差最大的行星。白天太阳光直射处温度高达400℃以上，夜晚太阳照射不到时，温度降低到-160℃左右，成为最冷的世界。究竟为什么呢？

因为水星上没有大气，并且夜晚漫长。

水星的体积是地球的2/5，由于吸引大气（引力见第8页）的作用力较弱，所以水星上几乎没有大气，不能保持住白天的热量。另外，水星的自转周期较慢，夜晚持续88天，由于这段时间内无法接受太阳辐射，所以比地球的冬天还要寒冷。

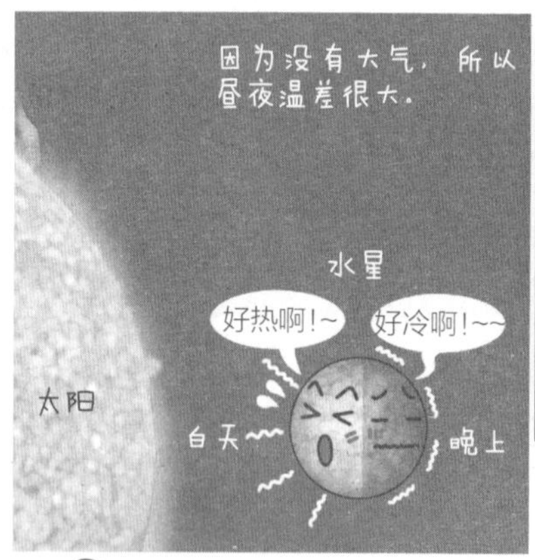

水星上有很多撞击坑。

水星自转周期较慢，水星每公转两圈，就自转三圈。由于水星的公转与自转方向一致，所以夜晚很漫长。

照片：NASA

248 人气值

据说宇宙在不断膨胀，我们是怎么知道的呢？

虽说看不到宇宙的边界，
那为什么还说它在不断地膨胀呢？

以下三个选项中你认为正确的是哪个？

通过天体发出的光来判断最远天体的距离。

在发射火箭时发现飞行时间比预计时间要长。

通过与100年前的宇宙照片对比得到的。

答案见下一页

天体发出的光如果是红色的，说明这个天体正在离我们远去。

美国天文学家哈勃用望远镜观测星云时，发现银河系外有很多星系，它们离我们的距离都很遥远。那是根据星系中的流体发出的红光而观察到的。

光有波的性质，波的长度（波长）不同，颜色也有所改变。离光源（发光的物体）越远，光的波长就越长。如果波长变长的话，所发出的光是红光。相反，离光源越近，光的波长就越短，所发出的光是蓝光。因此我们得知，宇宙像个气球一样在不断膨胀。

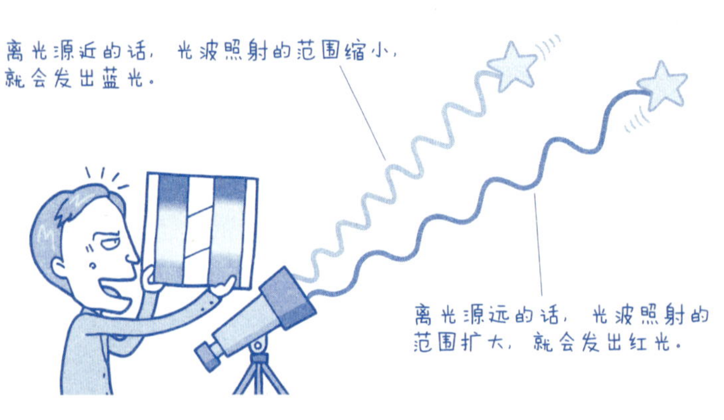

正是因为宇宙在一直膨胀，所以由此得知宇宙是从原本什么都没有的地方诞生出来的。今后，不知道宇宙还会不会一直膨胀下去。

月球 太阳系 银河系 天体·星座 宇宙开发

250 人气值

据说留在月球上的脚印不会消失，是真的吗？

1969年阿波罗登月航天员留下来的脚印，
至今变成什么样了？

以下三个选项中你认为正确的是哪个？

1 真的。因为那里总是湿的。

2 真的。因为那里没有风。

3 假的。风一吹就会消失。

答案见下一页

因为月球上没有空气，所以也不刮风（风是随空气运动而产生的）。

月球上留下来的脚印会一直留在上面。

2011年NASA的月球探测器提供的照片显示，42年前（1969年）航天员登月后在月球表面留下了他们的印迹。

由于地球上有雨和风，所以岩石和山的形状在一点点地改变，而月球上既没有水也没有空气，只要不发生什么特别的大事件，无论过多长时间都不会有变化的。但是在月球上有时也会发生陨石从宇宙中坠落的情况。如果陨石正好坠落在脚印上，那么脚印就会消失。

1969年在月球上留下的脚印，这个脚印“对个人来说是小小的一步，但对整个人类来说是巨大的飞跃”。

声音是通过空气振动，传播到对方的耳朵而被听到的。但由于月球上没有空气，所以听不见声音。另外，纸飞机在月球上也是无法飞行的。

照片：NASA

为什么排行榜 34 位

251 人气值

外星人的模样真的像“小灰人”一样吗?

一说起外星人，经常会看到像小灰人那样的模样。
外星人真的长成那样吗?

以下三个选项中你认为正确的是哪个?

1 不知道怎么形容。

2 不一样。其实与章鱼的模样相似。

3 是的。有好多人看见过。

答案见下一页

答案1 也许会有像小灰人模样的外星人！真的无法形容。

外星人就是居住在地球以外天体的智慧生物。自从美国有关专家透露，看到了头和眼睛特别大，像小灰人（灰色）一样的外星人之后，外星人的模样就被想象出来。

虽然全世界都有看到外星人的消息，但到底是真是假，并没有可靠的佐证，所以暂时还不能确定信息是否真实。小灰人，只不过是通过想象描述出来的模样之一。

外星人到底是什么模样，至今无人知晓。

19世纪曾有过火星人的话题。据分析，火星上重力很小，空气稀薄，火星人应该是细长瘦弱，吸进空气的地方很大，所以就将火星人描述为类似章鱼的模样。

月球 太阳系 银河系 天体·星座 宇宙开发

252 人气值

离开银河系一直向前飞行会怎样?

如果飞出银河系的话，
那里是什么样的世界?

以下三个选项中你认为正确的是哪个?

1 一片漆黑，没有天体的宇宙空间。

2 在那里能遇到各种各样的星系。

3 被又黑又大的墙所包围。

答案见下一页

会在各种各样的星系中穿行。

在银河系之外还有其他的星系。

据专家称，在那里已经发现了1000多亿个星系。如果飞出银河系，就会在众多的星系中穿行。如果说穿过有星系分布的宇宙，再继续前行的话会怎么样，还不太清楚。不过，现在的宇宙自诞生以来已有137亿年了。如果在宇宙最远处有光传到地球的话，说明这些光是距地球137亿光年的地方发出来的。如果比那再远的话，光就到不了了，所以那里是什么样，就不清楚了。

整个宇宙中分布的星系，因引力作用而相互吸引，所以它们会成群地挤在一起。这种现象叫作“星系”。

月球 太阳系 银河系 天体·星座 宇宙开发

253 人气值

木星的卫星是什么时候被谁发现的？

像月球绕着地球运转一样，
在木星的周围也有卫星（见34页）环绕，是谁发现的呢？

以下三个选项中你认为正确的是哪个？

1 牛顿1665年发现的。

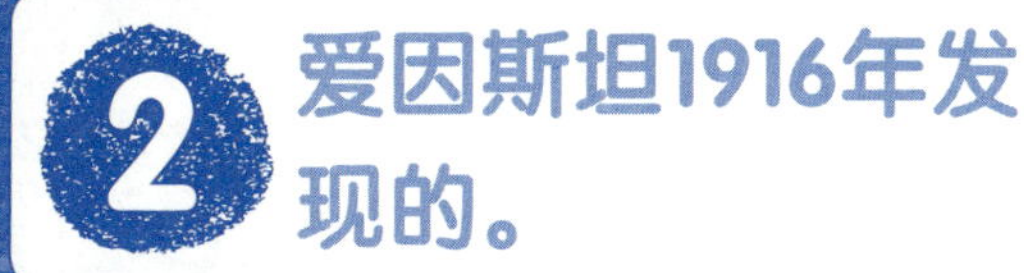

2 爱因斯坦1916年发现的。

3 伽利略1610年发现的。

答案见下一页

天文学家伽利略1610年用自制望远镜发现的。

早在1610年，意大利天文学家伽利略就观察到木星周围有4颗卫星环绕。这是第一次发现行星周围的卫星。伽利略用自制望远镜观察木星时，发现它的一侧或两侧有发光的天体排列着。在继续观察中，发现天体排列方向发生了改变，因此判断木星周围环绕的天体就是卫星。

发现之后便把这4颗卫星分别命名为艾奥、欧罗巴、加尼美得、卡利斯托。因为是伽利略发现的，所以把它们统称为“伽利略卫星”。

因为天体排列的方向发生了改变，
所以发现它们是在木星的周围环绕着的。

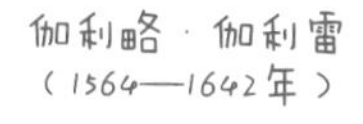

据2014年9月统计，木星卫星总共有67颗，但还要考虑到很多没有被发现的卫星。

月球 太阳系 银河系 天体·星座 宇宙开发

为什么排行榜 31位

254 人气值

太阳中心是什么样的？

太阳会发出很强的光和热，
那么它的中心是什么样的呢？

以下三个选项中你认为正确的是哪个？

1 很大的空洞。

2 不断地发生大爆炸。

3 有坚硬的岩石出现。

答案见下一页

太阳内部经常发生大爆炸。

太阳是由氢和氦组成的巨大气体星球。大量氢气所产生的引力挤压在太阳内部，从而导致太阳核心部分的温度极高，压力极大，使其内部（核心）进行核聚变反应，不断引发大爆炸。它的核心温度高达1600万℃，比它表面温度高出2600倍。

太阳核心释放出来的光和热，聚集在太阳周围的辐射层，通过这个区域以辐射的方式向太阳表面传输。然后再以6000℃的表面温度，向宇宙空间释放光和热。但是核心所释放出来的光和热，传输到太阳表面需要经过10万年以上。

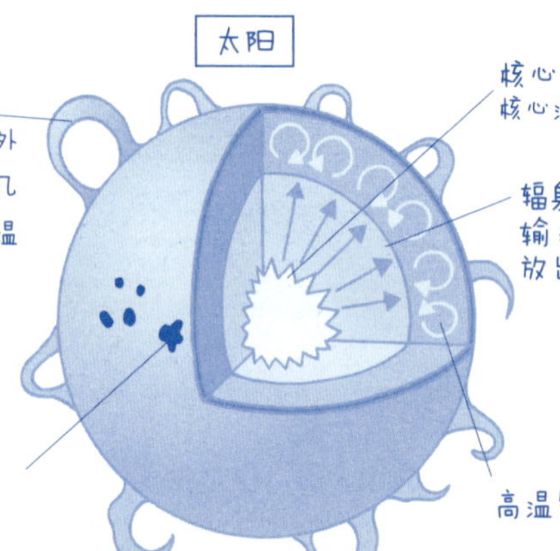

太阳表面温度是6000℃，而在太阳最外层的日冕温度可高达200万℃。

那么，为什么那里温度会那么高呢？至今还不清楚。

月球 太阳系 银河系 天体·星座 宇宙开发

为什么排行榜 30 位

255 人气值

土星上的光环为什么不会脱落呢?

在土星上有个像呼啦圈一样的光环，
它不会脱落吗?

以下三个选项中你认为正确的是哪个?

因为它是由砂砾和冰块组成的，所以不会脱落。

2 因为在空气中飘浮着，所以不会脱落。

虽然有时脱落，但是还会再回到原位。

答案见下一页

答案 1

土星上的光环是由砂砾和冰块组成的。由于离心力和引力的相互作用，它是不会脱落的。

土星光环，从地球上来看像块金属薄板。其实它是由无数的冰块和砂砾的碎块聚集在一起形成的。它们像月球绕着地球转一样，环绕着土星旋转。

旋转的物体受向外离心力的作用，冰块和砂砾在受离心力作用的同时，又和土星之间产生引力。离心力和引力的作用力正好相等，所以在它周围的光环是不会脱落的。

土星
用望远镜去看，土星上的光环像块金属薄板。

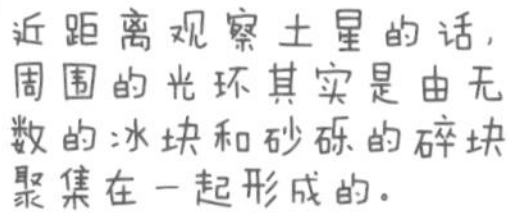

近距离观察土星的话，周围的光环其实是由无数的冰块和砂砾的碎块聚集在一起形成的。

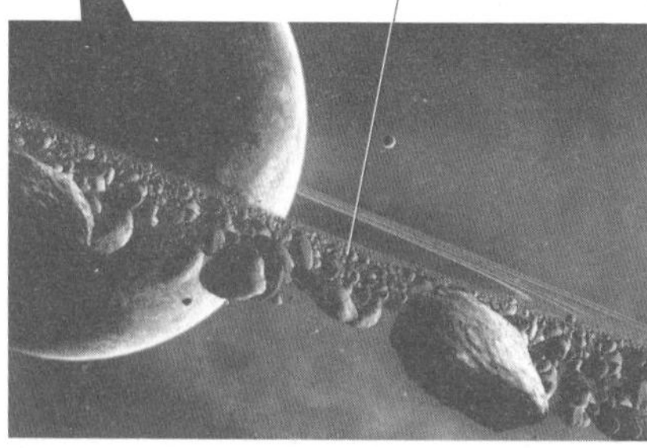

由于土星光环是倾斜的，所以从地球上来看，它每隔15年会发生一次变化，有时会变成一个大大的圆盘，有时会变成一条细长的丝带。当光环移到正中间时，它会消失不见。

照片：NASA

月球 太阳系 银河系 天体·星座 宇宙开发

256 人气值

为什么有时候看到的月球是红色的?

平时白色皎洁的月球，
为什么有时候看是红色的?

以下三个选项中你认为正确的是哪个?

1 月球只有傍晚时是红色的。

2 原本就是红色。强光照射的话，就变成了白色。

3 反射到地球上的光比较弱时，是红色的。

答案见下一页

因为月球升起的位置低，所以反射到地球上的月光要微弱些。

红色月球一般出现在早晨或傍晚，它和日出或日落时太阳呈红色的道理是一样的。月球升起的位置比较低时，月球偏红色。而太阳光是由蓝色、红色等各种颜色的光线混合成的。

因为月球有反射太阳光的作用，所以月光和太阳光一样，也是由各种颜色的光线混合而成的。

当月球接近地平线时，月光穿过的大气层变厚。大气层的尘埃要比月球在头顶时反射的光线多。其中能穿越过来的光，就是红色的光。

由于只剩下反射能力强的红光可以穿过，所以这时所看到的月球是红色的。

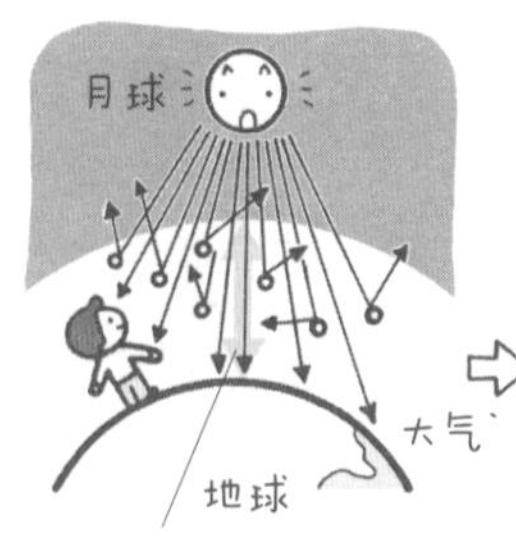

当月球升起的位置高时，月光穿过的大气层变薄，所以能够看到不同颜色的光。

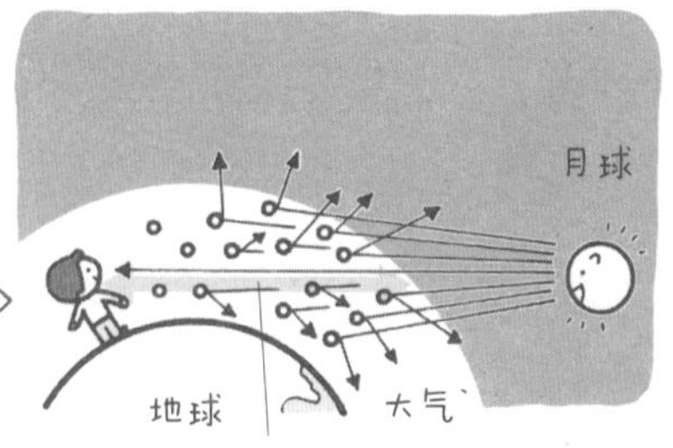

当月球升起的位置低时，月光穿过的大气层变厚，只剩下反射能力强的红光可以穿过。

我们来做个小实验：将少许牛奶倒入一个装有水的塑料瓶里，它会变成白色。然后用手电筒去照，能看到红色的光。这就是红色以外的光被反射的结果。

月球 太阳系 银河系 天体·星座 宇宙开发

为什么排行榜 28 位

257 人气值

人类能在月球上居住吗？

月球是离地球最近的一个天体。
航天员们曾登陆月球，那里适合人居住吗？

以下三个选项中你认为正确的是哪个？

没有空气，所以不能居住。

如果火箭能往返月球，人类就能居住。

只要能适应失重状态，就能居住。

答案见下一页

答案 1

因为月球上没有大气和液态水，所以不能居住。

因为月球上没有大气和液态水，所以目前人类还不能居住。但据专家介绍，月球上有很多对人类有益的矿物及能源。另外，月球极区还有冰。如果能用这些资源开发出人类所需的建筑材料、二氧化碳、水的话，也许人类就能居住。

如果从居住条件考虑，月球上最有可能居住的地方是北极和南极。这两个地方接受太阳光照射时间较长，所以不仅可以利用太阳光发电，还能看到地球和太阳，给人带来安全感。

如果真的能够找到某个适合人类居住的地方，我们就可以带上必需品到那里生活。说不定也许有一天人类真的会移居月球哦！

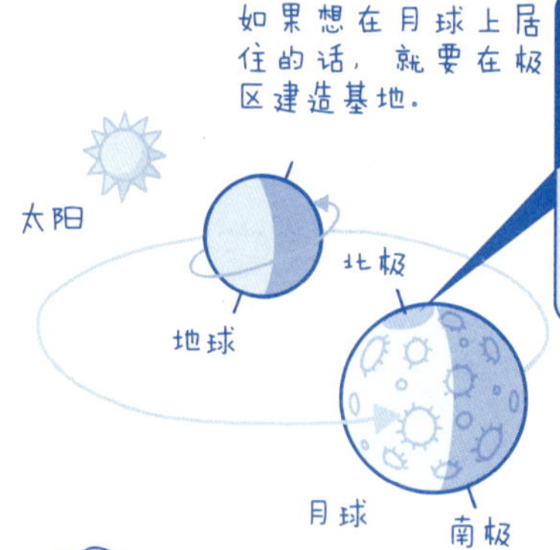

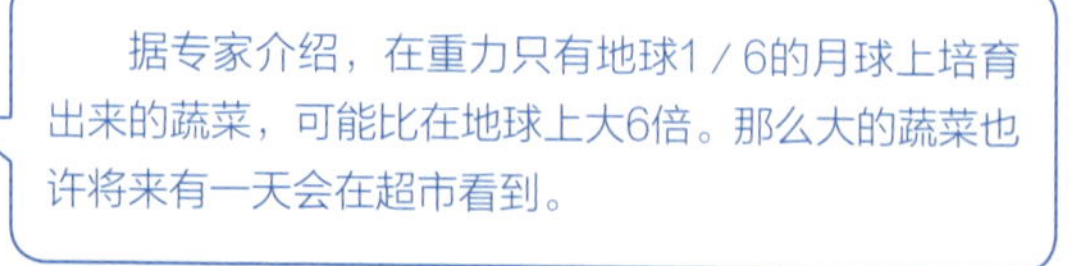

据专家介绍，在重力只有地球1／6的月球上培育出来的蔬菜，可能比在地球上大6倍。那么大的蔬菜也许将来有一天会在超市看到。

264 人气值

如果在宇宙中生活，人的身体机能会发生改变吗？

在失重状态下，
人的身体会有哪些变化？

以下三个选项中你认为正确的是哪个？

身高缩短。

排尿量增多。

变得聪明。

答案见下一页

在宇宙中，会出现排尿量增多等身体机能的变化。

因地球重力的原因，人体中的液体会向下半身集中。但在宇宙中，处于失重状态，人体上半身和下半身会有相同数量的液体（体液和血液)流动。水分会因无重力而不能都集中在下半身，从而导致上半身的水分比平时增多，头部出现肿胀，脸部变圆。另外因水分多集中在身体上半身，所以大脑反应会变得相对迟缓。

如果想让身体中的水分减少，就需要向体外排出大量的尿液来解决。相反，由于下半身水分比平时相对要少，腿部就会变细。另外，在失重环境下，下半身不需要支撑整个身体的重量，所以也就不需要结实的骨骼和强壮的肌肉，骨骼和肌肉就会慢慢萎缩。因此，航天员们为预防这类情况发生，即使在飞船中也经常做运动。

在宇宙中因水分的原因，脸部会浮肿成像满月一样，所以被称为“满月脸”。另外，变细的腿部像鸟腿一样，所以被称为“鸟腿”。

265 人气值

人们是怎么知道地球绕太阳转的？

地球绕着太阳转的，
还是太阳绕着地球转呢？

以下三个选项中你认为正确的是哪个？

1 通过人造卫星观测地球了解到的。

2 从云的走向了解到的。

3 通过观测金星了解到的。

答案见下一页

通过观察金星，发现它不仅大小会发生变化，而且还有盈亏现象。

很久以前，大家都认为所有的天体都绕着地球转的。约500年前，波兰天文学家哥白尼第一个提出“地球绕太阳转”。之后，意大利天文学家伽利略利用自制望远镜观测金星时，发现了金星的盈亏现象。推测如果金星绕着地球转，就不会出现盈亏现象。通过对金星的继续观察，发现它有时会变大，有时会变小。因此伽利略推断，只要金星和地球以太阳为中心旋转，金星就会出现盈亏、变小的现象。由此，他提出，地球和金星都是绕着太阳旋转的。

由于金星有盈亏现象，所以它的大小会有变化。太阳、金星、地球三者的位置关系如果不是如图所示的那样，那么这种现象就无法解释。

金星

太阳

地球

后来，德国天文学家开普勒总结出：地球、金星等所有行星环绕太阳运行的轨道并不是圆的，有可能是圆或椭圆。

为什么排行榜 25 位

268 人气值

为什么把在天空中飞的圆盘叫作UFO?

UFO是什么词的首字母?

以下三个选项中你认为正确的是哪个?

1 所谓的UFO，就是不明飞行物。

2 是被叫UFO的天文台第一次发现的。

3 因为是UFO博士发现的。

答案见下一页

所谓UFO是英文词“不明飞行物”的首字母。

在天空飞行的圆盘属于“不明性质、不明来历，无法辨识确认的空中物体”之一，人们称它为“不明飞行物”。英文全称“Unidentified Flying Object”，缩写“UFO”，是指从地球外飞来的物体。

在很久以前，关于UFO有各种各样的记录和报告。而大量的UFO事件，都可以归结为自然现象或人为现象，只有少数目击报告无法解释。也许真的是外星人的飞行器吧！？

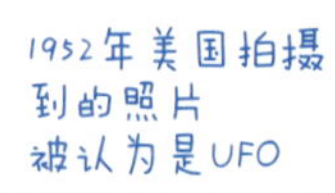
1952年美国拍摄到的照片被认为是UFO

在美国西部内华达州的空军基地附近，有个叫“51区”的地域，那里长久以来传出许多与UFO有关的传说。但是也有人声称是人们把探测器误认为UFO。

月球 太阳系 银河系 天体·星座 宇宙开发

269 人气值

据说火星上以前有火星人，是真的吗？

像地球上居住着人类一样，
即便火星上有火星人，也不足为奇吧！

以下三个选项中你认为正确的是哪个？

真的。但约在500年前就已经灭绝了。

假的。并不是火星人，只是老鼠的一种。

假的。只是被认为是火星人而已。

答案见下一页

假的。因为在火星上发现了“运河”，所以误认为有火星人。

1877年意大利天文学家斯基阿帕雷利发现，火星表面有不少“规则的线条”，认为那些线条应该是人工建造出来的，所以认为建造“运河”的是“火星人”。

之后，美国天文学家洛威尔在自己的天文台连续观察火星，声称火星上的确有火星人，认为建造运河的一定是高智能生物。

但在20世纪，探测器登陆了火星，才清楚地认识到根本没有火星人。因为那里没有液态水，所看到的运河只不过是很深的陨石坑。

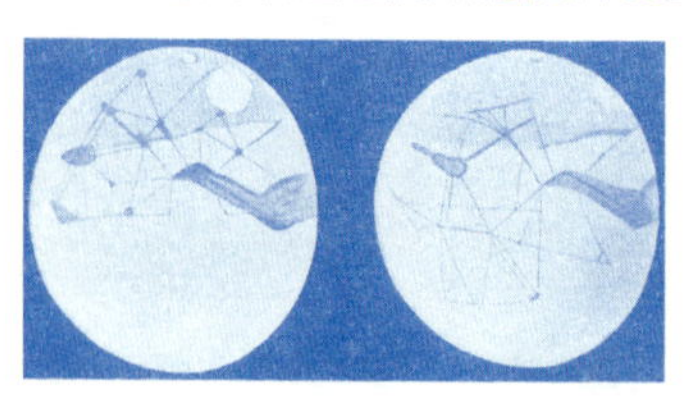

洛威尔勾画出的“运河”

火星
很深的陨石坑被误认为是运河

斯基阿帕雷利

洛威尔

当时最畅销的描写火星人的刊物。

在火星岩石中发现了疑似微生物化石。而且最新探测结果显示，火星上发现了含有冰的土壤，从此火星上是否存在生物成为当今天文学家最关注的话题。

照片：NASA

银河系

270 人气值

我们看不到宇宙的边际，那么，宇宙到底有多大呢？

宇宙有多大？

以下三个选项中你认为正确的是哪个？

1 东京球场的10^{14}倍。

2 光行走470亿年所到的距离。

3 乘高铁行驶10^{12}年的距离。

答案见下一页

答案

光需要行走470亿年，至今仍在不断地膨胀。

目前光传播到地球的最远距离是137亿光年。宇宙在137亿年前诞生，演化至今的大部分时间宇宙都是膨胀的。而且，137亿年前传来的光到达地球的距离，在这137亿年间也在一直不间断地扩大。如果这样考虑的话，距地球137亿光年处发光的天体，现在已经离我们更遥远了。所谓宇宙的空间大小，其实就是天体之间相隔的距离。根据目前可观测宇宙的边界，计算得出的结果是大约470亿光年。也就是说，光需要行走470亿年所到的距离。宇宙现在就那么大。

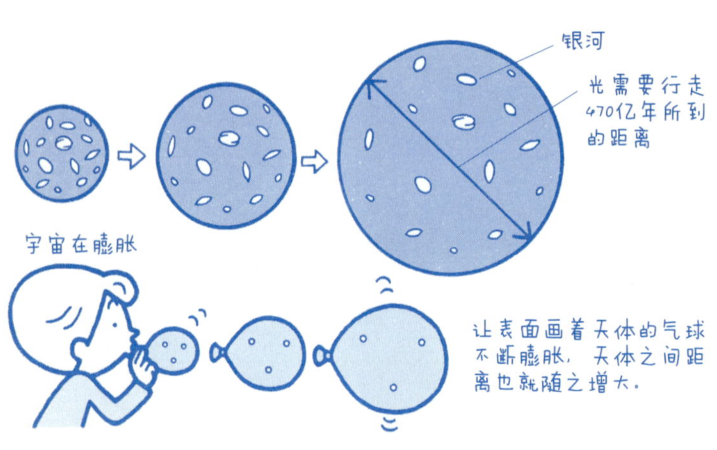

因天体所发出的光传递到地球需要花时间的，所以我们看到的天体并不是它们现在的样子。我们看到的太阳是8分19秒之前的样子，北极星也是430年前的样子。

月球 太阳系 银河系 天体·星座 宇宙开发

273 人气值

为什么会出现黑洞?

无论什么都能吸入的黑洞，
究竟是怎么产生的呢?

以下三个选项中你认为正确的是哪个?

1 因为巨大的天体消失而产生的空洞。

2 很久以前恶魔的坟墓发生变化而产生的。

3 是由于巨大的恒星在其晚年因燃料耗尽坍塌产生的。

答案见下一页

答案 3 由于巨大的恒星在其晚年因燃料耗尽完引发爆炸而产生的。

黑洞是由质量足够大的恒星，在核聚变反应的燃料耗尽而死亡后，发生引力坍塌产生的天体。

恒星在其中心发生核聚变反应（见158页），向外散发出光和热。一旦内部燃料耗尽，它向外作用的力就会变小。于是，恒星用很大的能量向着中心点收缩，引力渐渐变大。

另外，因天体自身的不稳定性，而引发大爆炸（超新星爆发）。最后，只留下中心部位超大引力的天体——黑洞。

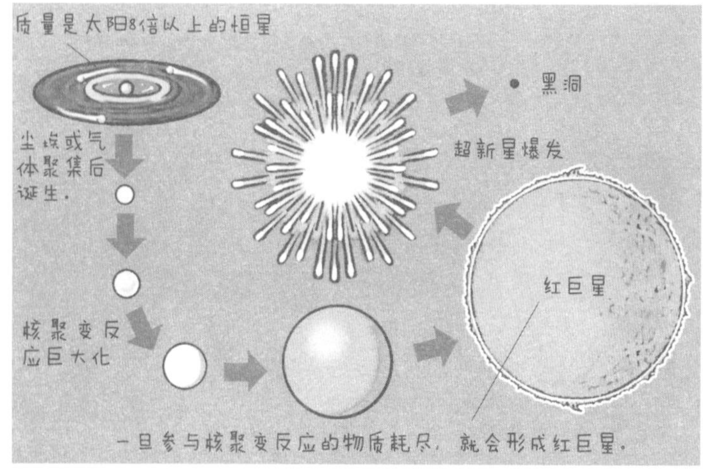

据分析，由于太阳的质量不够大，所以即便燃料耗尽，也不会引发超新星爆发，它最终会变成“白矮星”。

太阳系

为什么排行榜 21 位

274 人气值

宇宙中有太阳，那为什么还一片漆黑呢?

太阳光照射的白昼，在地球上是阳光普照，为什么在宇宙中却一片漆黑呢?

以下三个选项中你认为正确的是哪个?

因为太阳光过于明亮，所以在它的周围就会感觉到黑暗。

2 因为没有像大气等可以反射光的介质。

3 因为太阳光照射得过远。

答案见下一页

因为宇宙中没有大气等反射光的介质，所以宇宙空间一片漆黑。

我们之所以能够感觉到明亮，是由于照射在周围的光，通过反射或散射而进入我们的眼球。光没有遇到可以反射它的介质，就变成了直线传播，所以就不会有光进入眼球，因此宇宙空间一片漆黑。

我们居住的地球上有很多大气、细小的尘埃飘浮着，还有地面和海洋。这些介质反射的光，能够进入我们的眼球，所以能看到明亮的光。我们可以尝试着用手电筒去照一个没有光的盒子。由于盒子内部存在着尘埃，所以我们能看到光线。如果没有尘埃的话，我们是不能看到光线的。它们的道理是一样的。

如果有反射光的介质，就会感觉到明亮。

如果没有介质来反射光，就会一片漆黑。

太阳光是由各种颜色的光线混合而成的。水分子能把太阳光中的蓝光散射到各个方向，这时蓝光进入了我们的眼球，因此我们看到的大海是蔚蓝色的。

季节星座

星座问答

神话智力问答

春天和夏天的代表星座。你知道它们的名字吗？
请在○内填上汉字。

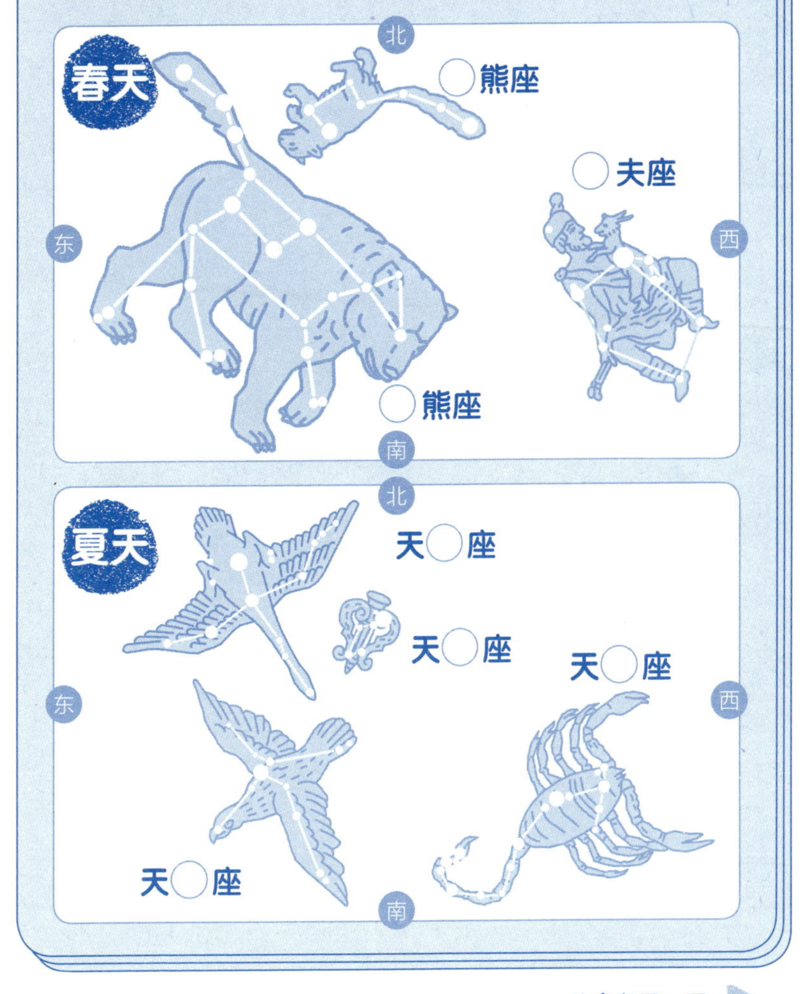

答案在下一页！

答案揭晓

晚上8点左右，在南方天空中出现的天体。
借助明亮的天体可以观测到的星座。

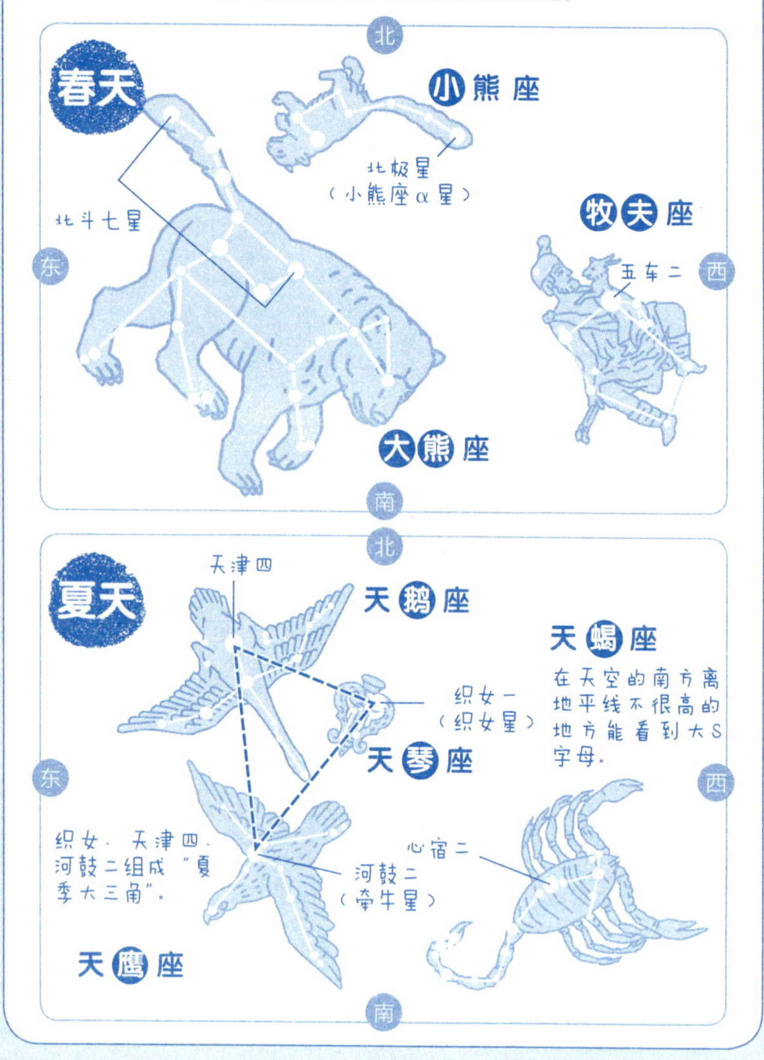

番外篇

季节星座

星座问答
神话智力问答

秋天和冬天的代表星座。你知道它们的名字吗？
请在○内填上汉字。

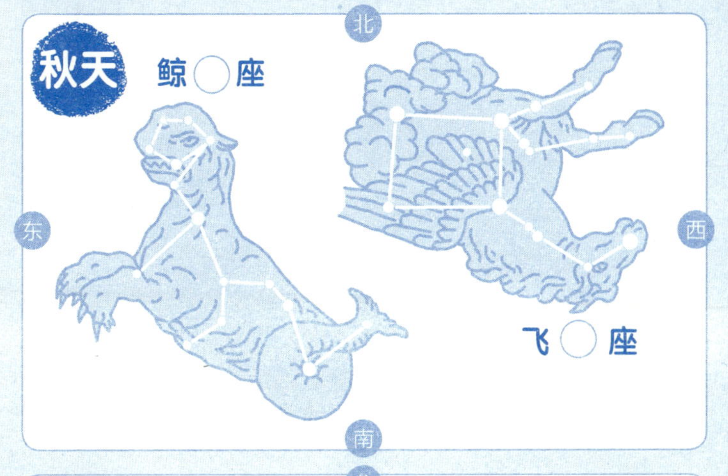

答案在下一页！

答案揭晓

晚上8点左右，在南方天空中出现的天体。
借助明亮的天体可以观测到的星座。

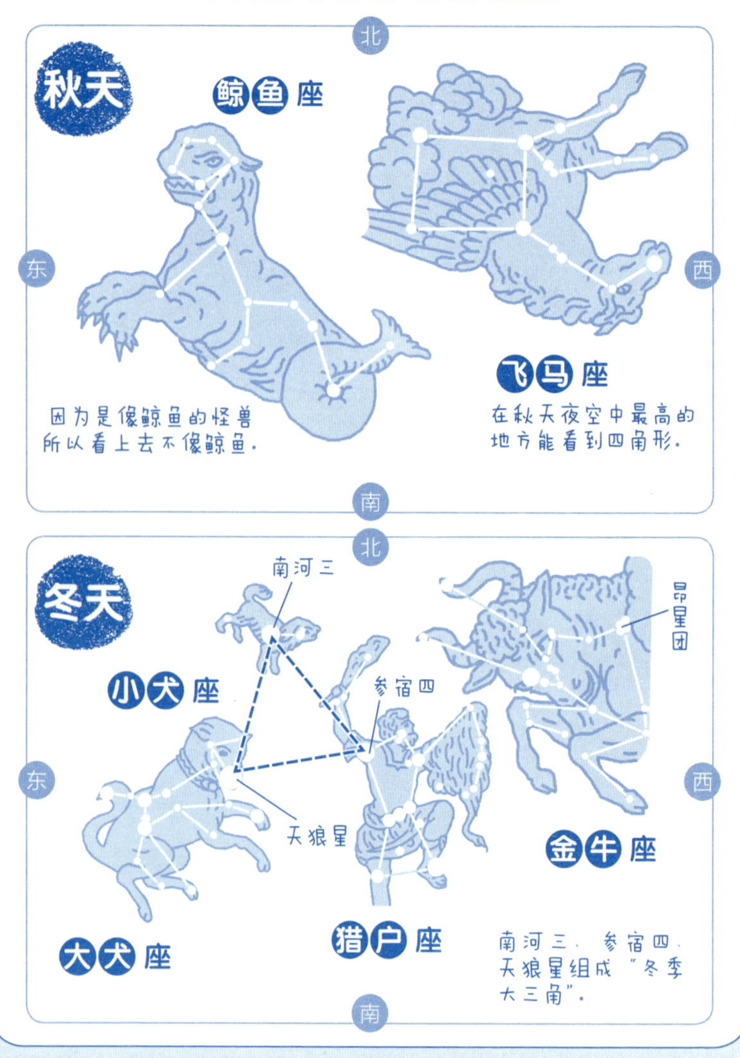

275 人气值

宇宙中会落下宝石，是真的吗？

闪闪发亮的绿橄榄石晶体雨，
想象一下都觉得很漂亮。这是真的吗？

以下三个选项中你认为正确的是哪个？

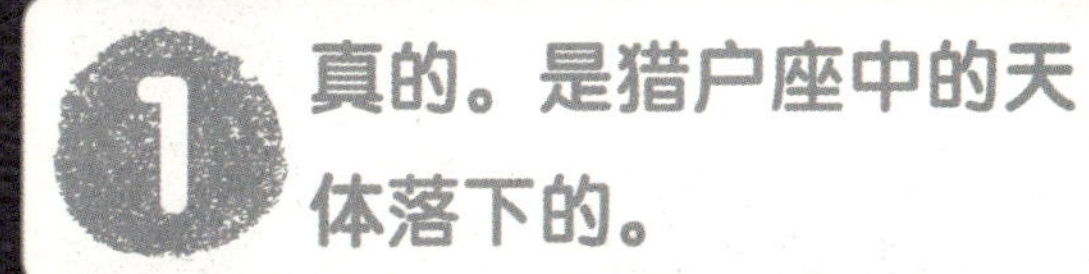

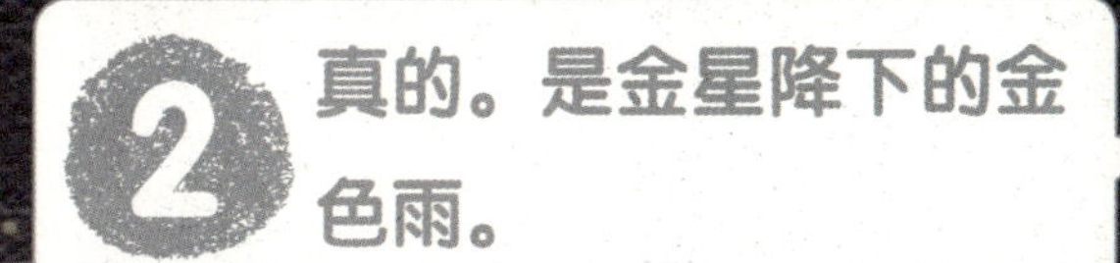

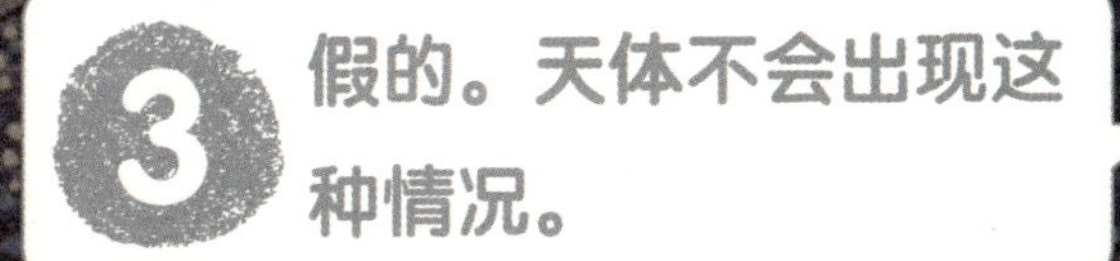

答案见下一页

答案

1

真的。是猎户座中的天体落下的绿橄榄石晶体雨。

在猎户座中有一个叫作HOPS-68的天体，它会降下宝石般的“绿橄榄石晶体雨”。这是由NASA（美国国家航天航空局）的斯皮策望远镜观测到的。

橄榄石是八月生辰石，是一种黄绿色的石头。在地下最深处也埋藏着这种石头。另外还有散落这种橄榄石的天体，那就是彗星。当彗星靠近太阳时，气体和尘埃就会喷发出来，留下痕迹。在尘埃当中就包含着橄榄石。可是它很小，小到人用肉眼看不到它。

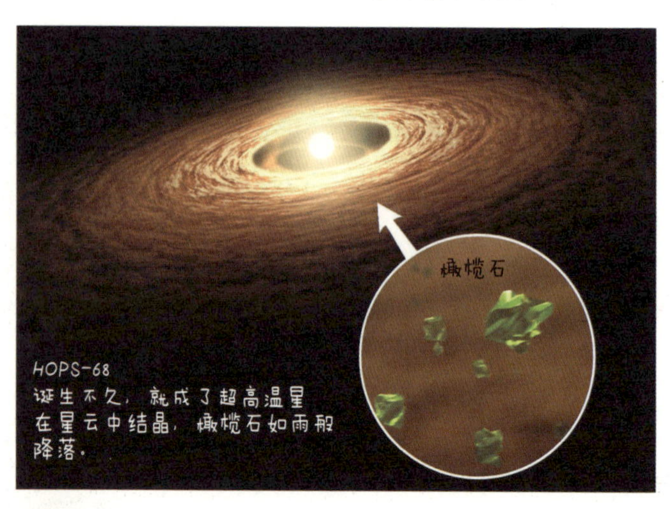

在冬季南方的夜空中能观测到猎户座。三颗星排列成斜一字，另外还有四颗星包围着它们。猎户座的最佳观测月份为2月。

照片：NASA

为什么排行榜 19 位

284 人气值

据说有能在宇宙中飞行的望远镜，是真的吗？

望远镜是用来观察宇宙天体的仪器。
那么，在宇宙中有能飞行的望远镜吗？

以下三个选项中你认为正确的是哪个？

1 真的。是航天员以前丢失的。

2 真的。是有望远镜的人造卫星。

3 假的。即使能飞也没有观测者。

答案见下一页

是装有望远镜的人造卫星，用来在宇宙中拍摄天体。

1990年，美国科学家将名为“哈勃空间望远镜”的人造卫星送上太空。它拍摄的照片通过电磁波传输到地球。欧洲和日本也曾发射过装有望远镜功能的人造卫星，用来观测太阳、探索宇宙空间。

宇宙不同于地面，不受大气和气候的影响，能够清楚地观测到宇宙中很远的天体。由于空间望远镜能观测到至今为止观测不到的天体，因此天体的诞生、星系的演变等神秘面纱，也在慢慢地被揭开。

哈勃空间望远镜拍摄到的星云

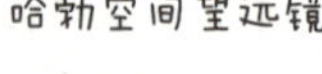

哈勃空间望远镜

星系碰撞

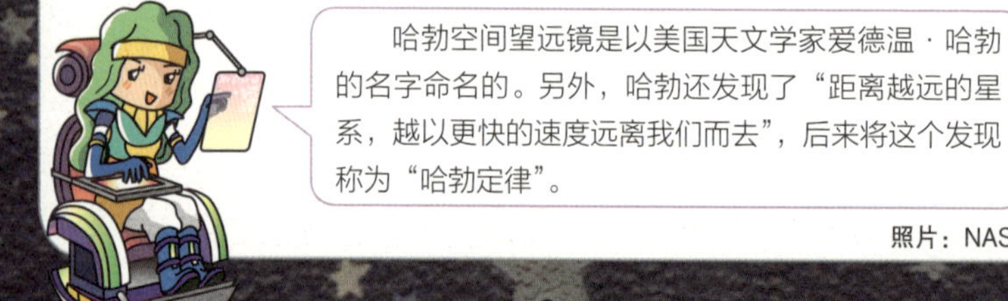

哈勃空间望远镜是以美国天文学家爱德温·哈勃的名字命名的。另外，哈勃还发现了“距离越远的星系，越以更快的速度远离我们而去”，后来将这个发现称为“哈勃定律”。

照片：NASA

月球 太阳系 银河系 天体·星座 宇宙开发

285 人气值

“地出”是什么？

曾有航天员在宇宙飞船上看到“地出”，
地球从哪儿出来了呢？

以下三个选项中你认为正确的是哪个？

1 是地球从月球地平线升起的样子。

2 是地球聚集了能量，到了太阳系的外侧。

3 是地球从月球和太阳的背面出来的。

答案见下一页

答案

是在宇宙飞船上看到的地球从月球的地平线升起的样子。

“日出”指太阳从地球的地平线升起的样子。而“地出”是指在绕月飞行的宇宙飞船里，看到地球从月球地平线升起的样子。1968年“阿波罗8号”航天员第一次拍摄到了地球“升起”的照片。蔚蓝的地球从月球的地平线升起，这壮观的一幕，令全世界感叹不已。这张照片也被选为“航天史上最有影响力的照片”。

从月球上看到的地球，比从地球上所看到的月球直径要大近4倍。在宇宙中所看到的地球那种美丽的景色，是无法用语言形容的。

“阿波罗8号”乘载着3名航天员，绕月球10周返回地球。它是人类第一次离开近地轨道，并绕月飞行，也是首次对月球内部结构进行探测。

照片：NASA

为什么排行榜 17 位

290 人气值

如果在宇宙飞船上点燃蜡烛的话，会出现什么样的火焰？

由于宇宙飞船中是失重状态，所以一切东西都没有重力。
那么，在宇宙中蜡烛燃烧时的火焰是什么样的呢？

以下三个选项中你认为正确的是哪个？

火焰是尖形的。

火焰是细长的。

火焰的上方是圆形的。

答案见下一页

答案

3 因为没有重力，火焰不能向上，所以就变成了圆形。

蜡烛的火焰之所以是细长向上的，是因为火焰周围空气受热，密度减小，所以向上升腾，气压减小，底下的空气就向上运动而变得细长。但在宇宙飞船中是失重状态，因没有重力，所以空气就没有轻重。那么火焰周围的空气，就不会“变轻”，火焰也就不会向上。因此，在宇宙飞船上，火焰将不会被空气向上拉，所以它就变成了圆形。

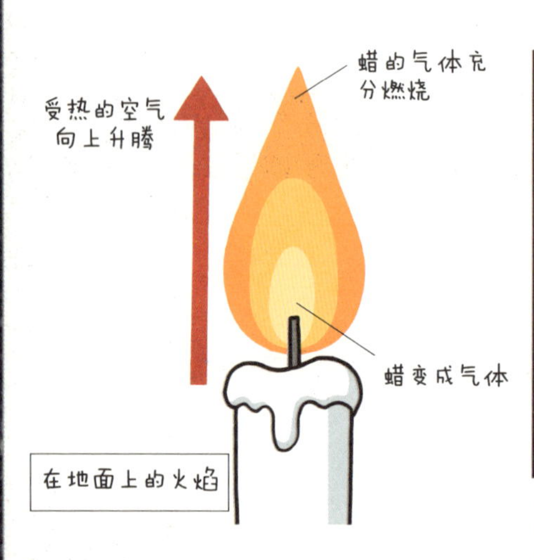

在地面上的火焰

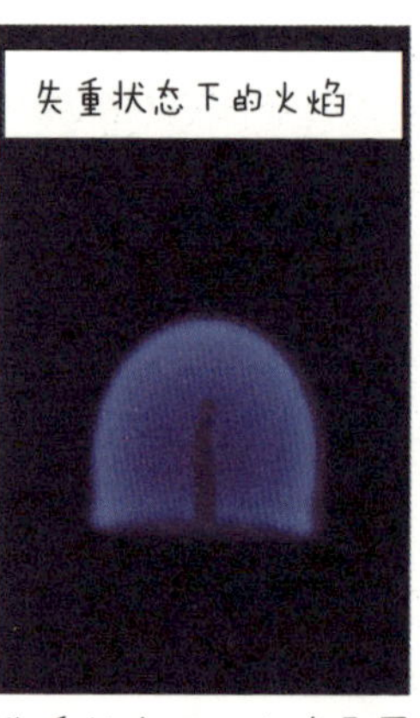
失重状态下的火焰

失重状态下，火焰是圆形的，火焰微弱，而且是青白色的。

轻空气向上升后，重空气将会流过来补充，而这种流动过程在失重状态下是无法进行的。所谓燃烧，就是物质和氧气的结合。在失重状态下，氧气很难流动，所以不易燃烧，因此火焰微弱且呈青白色。

照片：NASA

太阳系

299 人气值

天王星的黑夜要长达好几年，那是为什么呢？

所谓黑夜就是看不到太阳的日子。
那么为什么天王星会长达好多年都看不到太阳呢？

以下三个选项中你认为正确的是哪个？

因为它20年自转一次。

因为它呈直角自转。

因为它处在太阳光照射不到的地方。

答案见下一页

因为它呈直角自转。

地球对太阳来说是横向旋转（自转）的。地球自转1周需24小时，所以一天当中12小时都能看到太阳。可是，天王星对太阳来说是呈直角自转的。所以它相对于太阳来说，是纵向旋转的。这就是它黑夜漫长的原因。即便怎么旋转，背向太阳的一面，都不会有阳光直射到，所以始终处于黑夜。

天王星绕太阳1周（公转）需84年。因此，在自转轴附近，阳光完全照射不到的那一面，黑夜长达约42年。

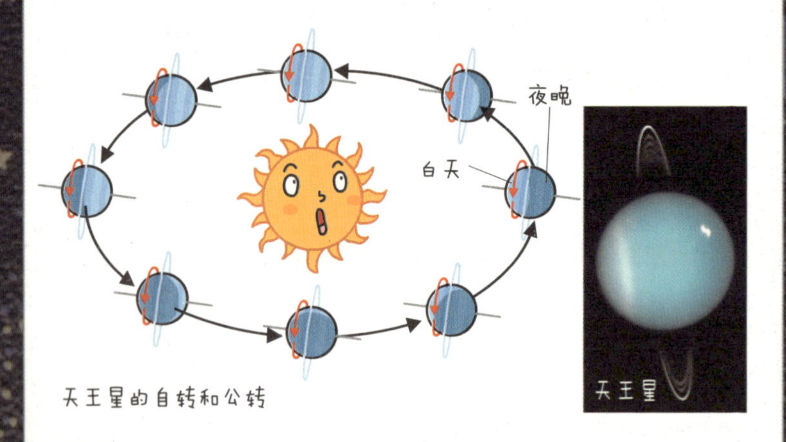

天王星的自转和公转

天王星是太阳系内最冷的行星。它的大气层中含有很多甲烷，甲烷吸收了太阳光中的红光，反射了阳光中的蓝光和绿光，所以我们看到的天王星是蓝绿色的。

照片：NASA

300 人气值

如果把土星放入水里，它会漂浮在水面上，是真的吗？

把土星放入水里是不可能的事，
但是如果假设把它放入很大的水槽中会怎样呢？

以下三个选项中你认为正确的是哪个？

真的。因为它比水轻，所以会浮上来。

假的。因为它比水重，所以会沉下去。

假的。放入水里会融化的。

答案见下一页

答案

真的。土星由气体组成，它比水轻，所以会浮在水面上。

如果把土星放入很大的游泳池中，它会漂浮在水面上，那是因为土星比水轻。将土星与它大小相同的容器里的水相比，土星要轻得多。

土星为什么那么轻呢？因为土星由氢气和氦气这样比较轻的气体组成。如果想让气球飞向天空的话，可以填充氦气，因为氦气比空气轻。而氢气比氦气还要轻。土星的中心是由岩石和铁、冰构成的“核心”，它比水重，但核心比周围的气体要小得多，所以土星比水还要轻。

土星是太阳系中卫星最多的一颗行星。目前为止已发现卫星53颗。最具代表的卫星是发现生命迹象的土卫六和被冰覆盖的土卫二。

太阳系

304 人气值

据说太阳根本“没有在燃烧”，是真的吗？

太阳能发光发热，
不是因为它有很大的火焰吗？

以下三个选项中你认为正确的是哪个？

1 假的。正在持续燃烧。

2 真的。在1000年前已经燃烧完了。

3 真的。没有燃烧所需要的氧气。

答案见下一页

答案 3 在太阳中根本不具有燃烧所需要的氧气，所以它没有在燃烧。

燃烧是指比较剧烈的发光发热的氧化反应。而太阳是由氢物质组成，周围没有氧气，所以它并非是像地面上的火焰那样燃烧。太阳的核心压力相当于2400亿个大气压，密度是水的160倍，温度高达1600万℃。在那里，因受极高的温度和高压的影响产生了很强的力，使原子核之间相互吸引而碰撞到一起。因此，太阳中氢原子之间相互作用聚变成氦原子的反应，叫作“核聚变反应”。核聚变时会发出巨大的光和热，所以我们看到它像在燃烧一样，发出耀眼的光芒。

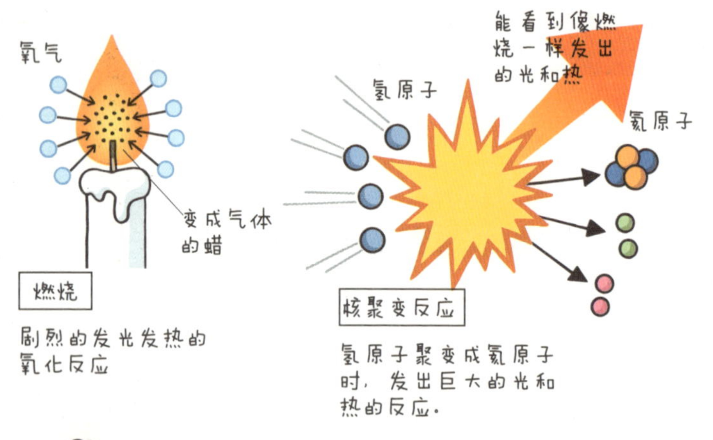

太阳核聚变时参与反应的氢原子，在地球上属于最小最轻的物质。氢聚变产生的氦，人们有时用它来填充气球等。它也是比较轻的物质，仅比氢重些。

305 人气值

宇宙是怎么产生的?

最初的宇宙是什么时候
如何诞生的?

以下三个选项中你认为正确的是哪个?

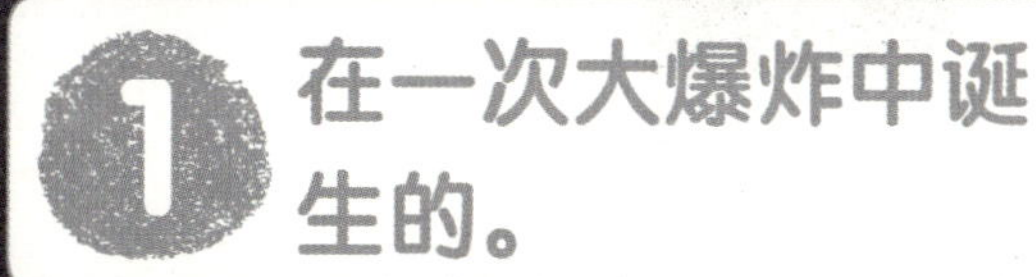

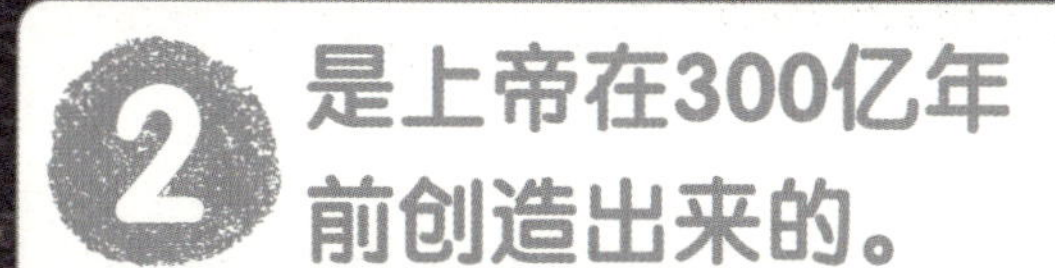

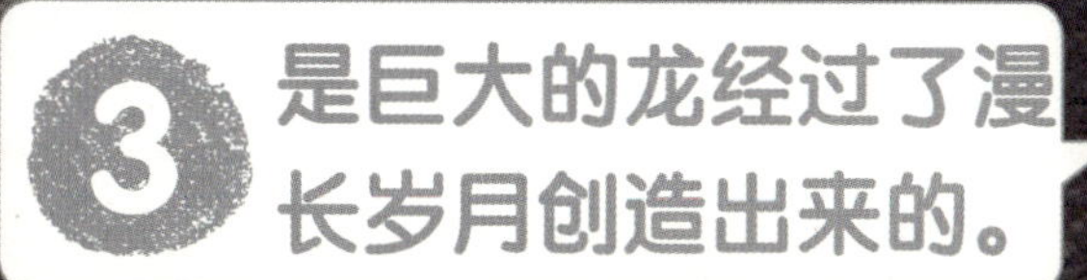

答案见下一页

答案

1 在什么都没有的状态下，发生了大爆炸，宇宙诞生了。

据说现在的宇宙是膨胀的（见110页）。相反，如果我们将时间倒退到过去，以前的宇宙应该是很小的。据科学家推算，在137亿年前它应该是肉眼看不到的一个小点点。这个点聚集了宇宙所有的物质，像炙热的小火球一样。最有力的宇宙诞生学说认为，宇宙起源于一个炙热的小火球，后来发生了大爆炸，宇宙从此诞生了。这叫“宇宙大爆炸”理论。之后，宇宙不断向外膨胀，变大，冷却。在演变的过程中，出现了星系、天体，变为了现在的宇宙。

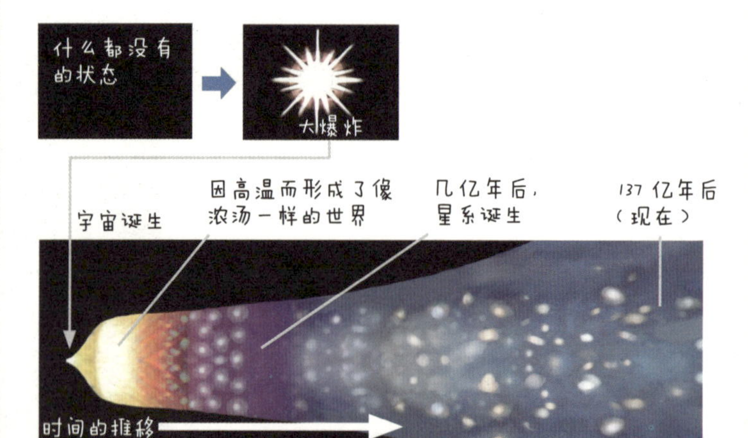

宇宙大爆炸是由什么原因引发的，至今仍是不解之谜。不知道以后它还会不会以相同的方式再次发生爆炸。

月球 太阳系 银河系 天体·星座 宇宙开发

310 人气值

真的会有地球被太阳吞噬的那一天吗?

距地球很遥远的太阳会将
地球吞噬掉吗?

以下三个选项中你认为正确的是哪个?

会的。地球正在以每年3厘米的距离向太阳靠近。

据科学家预测，地球终将被太阳吞噬掉。

不会。地球距太阳太遥远了。

答案见下一页

答案2

据科学家预测，再过约50亿年，也许地球会被巨大的太阳吞噬掉。

太阳通过其内部的氢元素引发的“核聚变”反应而发出光和热（见158页）。可是，约50亿年后，太阳内部的氢会耗尽，之后会通过外部的氢元素在太阳的表面发生核聚变反应。这时，太阳会比现在释放出的能量要大，表面开始渐渐膨胀，最终变成一颗红巨星。它将首先吞没水星，接着是金星，然后就是地球。虽说地球终有一天会被太阳吞噬掉，但还很遥远，需要数十亿年的时间才会到来。

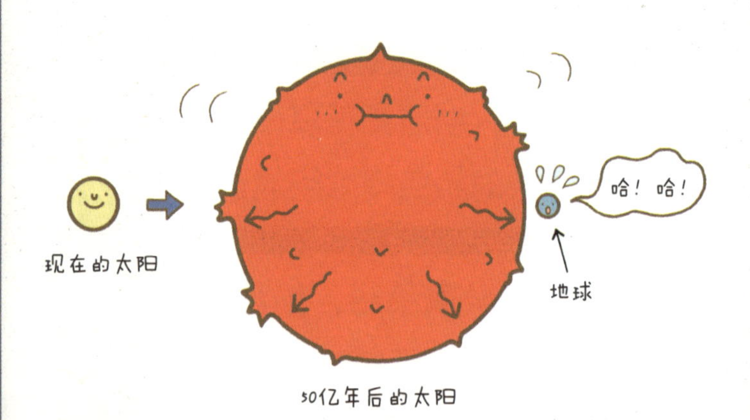

太阳活动是有规律可循的，每隔11年会出现活跃期或休息期。有时太阳爆发时，其表面出现的黑子数比以往少，说明太阳正处于休息期。

315 人气值

人类现在最远到过宇宙的哪里？

虽然人类距离宇宙很遥远，但人类仍坚持不断地挑战。那么现在最远到哪里了呢？

以下三个选项中你认为正确的是哪个？

火星。

太阳。

月球。

答案见下一页

答案

3 曾到过月球。除月球外的天体人类仍还没有去过。

人类至今到过的天体是离地球最近的月球。1961年美国启动了“载人登月计划”，1969年成功登月。月球离地球约38万千米。而往返于地球和月球之间大约需要185个小时（约8天）。

当时登月的是“阿波罗11号”飞船，载着3名航天员飞往月球。“阿波罗11号”乘着巨大的“土星5号”火箭发射升空，成功到达了月球。从1969年至1972年，美国的“阿波罗”登月计划先后6次，将12名航天员送上月球。

装载“阿波罗11号”的“土星5号”火箭。

登陆月球的“阿波罗11号”航天员。

美国发射的“旅行者1号”探测器，在探测完土星之后，飞出太阳系。目前距太阳约187亿千米，现仍在太阳系外飞行，是宇宙中飞行最远的人类探测器。

照片：NASA

320 人气值

地球、月球、金星为什么都是球形的呢?

行星和它们的卫星为什么是球形的，而不是像骰子或盘子那样的形状呢?

以下三个选项中你认为正确的是哪个?

1 是引力聚集的尘埃不停旋转的结果。

2 是与空气摩擦把棱角磨平的结果。

3 是天体之间相互碰撞的结果。

答案见下一页

地球、月球、金星都是由宇宙中的尘埃物质形成的。宇宙中的气体和尘埃通过相互吸积而融合成一个大圆球。

宇宙中的物质之间之所以会相互吸引融合，是因为有引力的作用（见8页）。无论哪个方向都会受到来自中心相同引力的作用，所以无论从中心的哪个方向都趋近于相等的球形。比如，如果用干燥的砂砾去堆积成山的话，很容易坍塌。如果有引力存在的话，突出的地方一会儿就会掩埋坍塌、凹陷的地方。由于地球、月球、金星都有很强的引力，所以它们都是趋近于球形的圆。

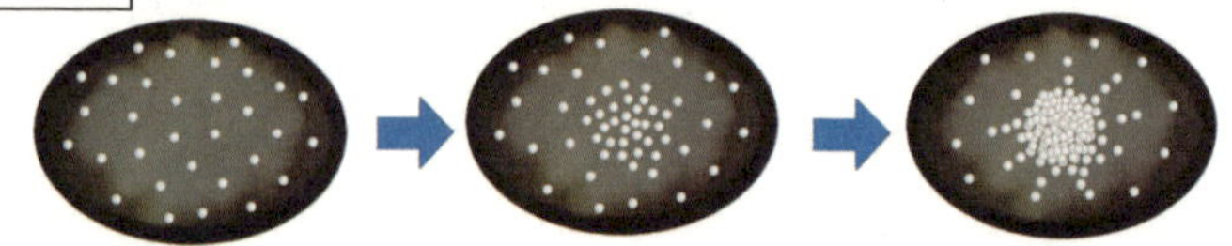

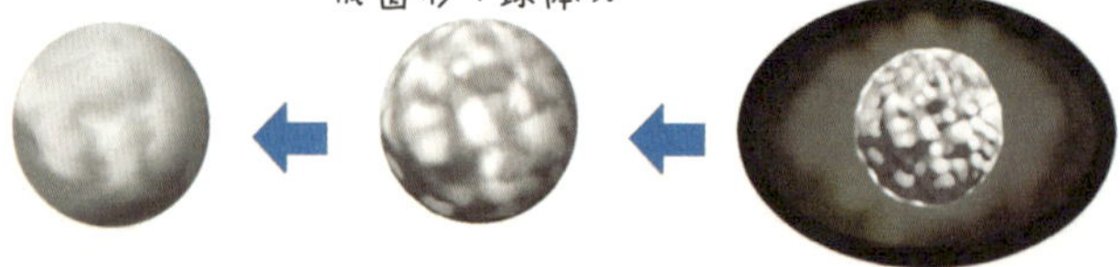

直径300千米以下的小行星，因引力比较弱，所以不能形成球形。地球因自转产生离心力，而在赤道附近离心力最大，靠近赤道周围的地方会慢慢地变粗，所以它近似于椭球形。

324 人气值

月球是什么时候出现的?

地球是在大约46亿年前诞生的。月球是离地球最近的一个天体，它和地球究竟哪个先出现呢?

以下三个选项中你认为正确的是哪个?

地球诞生之前约5000万年。

地球诞生之后约5000万年。

距今约5000万年前。

答案见下一页

答案

2

据科学家分析是在地球诞生之后约5000万年。

据科学家分析，月球出现于地球诞生之后约5000万年。关于月球的起源至今有四种说法。

第一种说法是：地球早期受到一个火星大小的天体撞击，撞击后的碎片形成了月球（大碰撞说）。第二种说法是：月球是一颗在地球轨道附近的小行星或在火星区域的一个独立天体，后来被地球俘获成为地球的卫星（俘获说）。第三种说法是：在地球形成初期，地球尚处于熔融状态，且自转很快，在离心力和太阳起潮力的作用下，从地球赤道处分离出一块物质，形成月球（分裂说）。第四种说法是：月球和地球有同一起源的过程（同源说）。在众多说法中最有说服力的是“大碰撞说”。

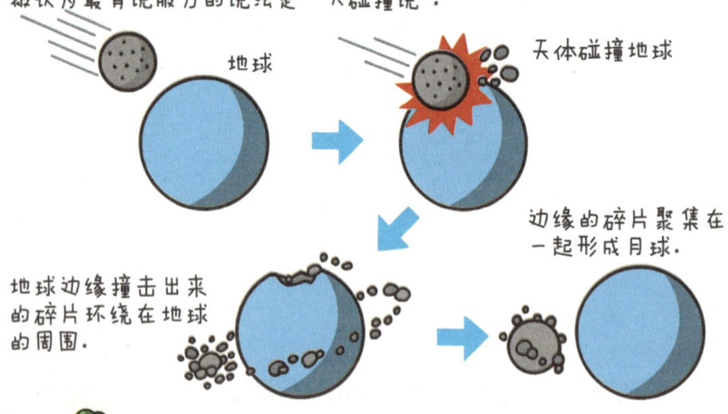

月球是地球大小的1/4，质量约是地球的1/80。其他卫星的大小大部分是地球的1/10，质量是地球的1/1000左右，所以和其他卫星相比，可以说月球是最大的卫星。

月球 太阳系 银河系 天体·星座 宇宙开发

325 人气值

月球是由什么组成的？

夜晚的月光是黄色的。
莫非它是由金子组成的？

以下三个选项中你认为正确的是哪个？

1 由地球爆炸产生的宝石组成。

2 由地球上没有的稀有金属组成。

3 是由和地球几乎相同的岩石组成。

答案见下一页

答案 3

月球表面上的岩石和地球几乎相同。也有人认为月球是由地球的碎片形成的。

月球表面含有地球上的约100种岩石（矿物组成的），而且和地球“地幔”的矿物极为相像，所以就出现了月球是由地球碎片形成的这种说法。认为地球早期受到一个火星大小的天体撞击，撞击后的碎片形成了月球（见168页）。

并且，还认为月球内部的物质组成也和地球一样，内部也有金属“核”，周围是幔层。幔层虽不是液体，但它是流动的。但关于月球大气层的演化过程等问题，至今仍然模糊不清。

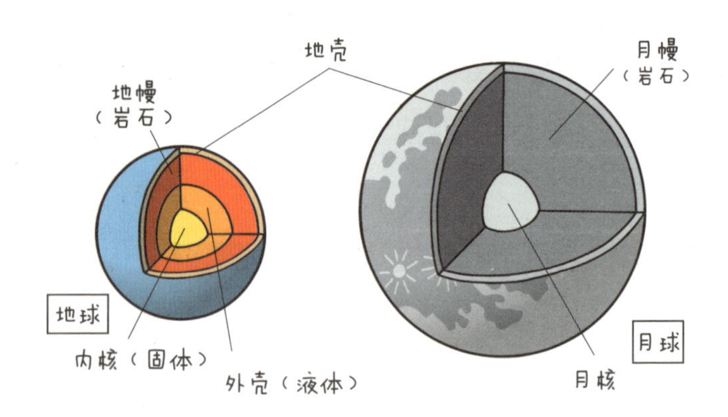

月球上有很多叫作玄武岩的矿物质。如果把它弄成粉末加热就会变成砖，可以当作建筑材料使用。这种矿物也许对人类将来移居月球时会带来很大的帮助。

329 人气值

据说正在筹备“太空电梯”计划，是真的吗?

宇宙在地球最高的大楼还要高的上方，
乘电梯能到吗?

以下三个选项中你认为正确的是哪个?

1 假的。乘升降电梯不可能到达的。

2 假的。使用自动扶梯或楼梯。

3 真的。计划正在筹备中。

答案见下一页

答案

3 为了让人们轻松地去太空，科学家们正在筹备建造“太空电梯”计划。

连接人造卫星和地球的“太空电梯”方案已经初步确定。

开始应先发射一个地球同步卫星（这种卫星的旋转角速度与地球自转角速度相同，从地面上看去，它似乎固定在天上不动，所以又叫“静止卫星”）。这颗卫星将在地球上空36000千米处，绕地球飞行。然后在这颗“静止卫星”上建造一个宇宙空间站，将它与太空电梯相连接，如果成功的话，人们就能轻松地到达宇宙空间站。另外，太空电梯使用的是新型的“碳纳米管”材料，它的抗拉强度比钢铁高出几百倍。如果该计划能够实现，那时，人们去太空旅行将不再是梦想！！

“太空电梯”构想图

空间站

平衡锤

升降电梯

静止卫星
（高度36000km）

升降电梯

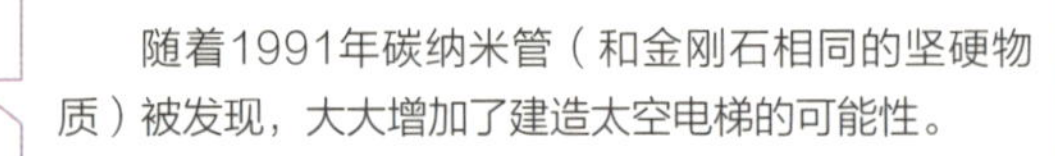

绘制：NASA

330 人气值

为什么黑洞什么物质都能吸进去？

无论什么物质都能被黑洞吸进，
甚至光也不例外，究竟为什么呢？

以下三个选项中你认为正确的是哪个？

因为引力强。

因为它能刮起很大的风。

因为它是漆黑的无底洞。

答案见下一页

答案 1

因为黑洞是一个超大质量的天体，所以具有相当强的引力。

天体如果想成为黑洞，其质量要达到太阳的30倍。在变成黑洞时，天体会向中心慢慢收缩（见138页）。在不断收缩中，引力也逐渐变大。并且，它之前的能量将消失，引力变强，于是就产生了黑洞。

由于超大质量而产生的引力，使得任何靠近它的物质都会被吸进去。

即使在黑洞上点着灯光，光也会被黑洞的中心吸进而无法逃脱。所以黑洞是暗的，什么都看不到。黑洞的引力异常强大，即使是光也无法逃脱掉。

地球的重力，人站在上面不会掉下来，但光不会被吸进。

黑洞的引力强度，就别说人了，即使光也都会被吸进去。

黑洞从大小来看是一个超大质量的天体。但如果黑洞和地球质量相同的话，它的直径只有2厘米那么长。

335 人气值

太阳是怎样形成的？

向地球传送光明和温暖的太阳，
究竟是如何诞生的呢？

以下三个选项中你认为正确的是哪个？

1 火球进入了太阳系而形成的。

2 因引力聚集气体形成的。

3 宇宙中火山爆发形成的。

答案见下一页

答案 2 气体和尘埃在引力作用下聚集在一起，不断凝聚变大而形成的。

在宇宙中飘浮的气体和尘埃像云一样，聚集在一起所形成的物质，叫作“星际分子云”。而太阳的形成就始于46亿年前，一片巨大分子云中的一小块的引力坍塌。这些星云由于引力的作用，在慢慢旋转下开始坍塌，渐渐变成像圆盘一样的形状。在圆盘的中心继续坍塌，于是在这里一个球形的原始太阳诞生了。

在原始太阳内部又逐渐开始出现氢聚变成氦的“核聚变”反应。它因核聚变反应而开始发出强烈的光和能量，之后就变成了今天我们所看到的太阳。

太阳的诞生

气体和尘埃渐渐聚集在一起，在旋转的过程中慢慢变薄。

喷气喷出流进来的气体

星际分子云
气体和尘埃因相互吸引而聚集在一起的物质。

原始太阳
因压力使温度升高，内部开始发光。

以原始太阳为中心，气体和尘埃在旋转的圆盘边缘处相互碰撞，产生出来的碎片最终成为了地球等行星。

月球 太阳系 银河系 天体·星座 宇宙开发

339 人气值

时光机真的可以制造出来吗？

去未来的地球或是用1年的时间就能去1万光年远的地方，像这样的飞行器真的能制造出来吗？

以下三个选项中你认为正确的是哪个？

1 已经建成了一号机。

2 从理论上完全可行。

3 不可能的事。

答案见下一页

答案 2

从理论上说如果能够建造出速度与光速相同的飞行器，就能制造出时光机。

基于1905年物理学家爱因斯坦提出的“狭义相对论”理论分析，时光机是能够制造出来的。在搭乘高速宇宙飞船旅行的时候，会感到宇宙飞船里的时间流逝得更缓慢，所以说在宇宙飞船里的时间是晚于宇宙外的。

例如，搭乘接近于光速（秒速约30万千米）的宇宙飞船去旅行，如果用20年的时间折返飞回地球，搭乘飞船的人仅仅用了3年的时间。这个例子说明搭乘飞船的人曾跳跃到了17年后地球的未来。但有关这种超光速飞行器的计划还没有实施。

实践结果表明：装有时钟的飞船在测量环绕世界一周所历经的时间，飞船上的时钟要比地面上的时钟走得慢一些。

340 人气值

月球在慢慢向地球靠近，是真的吗？

我们看到月球像往常一样
悬挂在天空，没有感觉到它在移动……

以下三个选项中你认为正确的是哪个？

1 真的。以平均1年1米的速度向地球靠近。

2 假的。距离没有变化。

3 假的。正好相反，它正慢慢远离地球。

答案见下一页

答案

3 假的。目前月球以每年3.8厘米的速度远离地球。

虽然我们根本看不出来月球和地球的距离有什么变化，但实际上月球每年以3.8厘米的速度远离地球。目前月球距地球约384000千米，环绕着地球运行。可是在月球诞生的46亿年前，地球和月球的距离大约是15000千米，是现在的1／25。而那时月球环绕地球一周的速度也很快，只需要5个小时。

在那之后月球继续远离地球，即使现在仍在以每年3.8厘米的速度远离。

月球远离地球的原因和月球的引力有关。月球的引力对地球有引起潮汐力的作用。所以朝向月球方向的大海，海水会因月球引力作用而引起满潮。

354 人气值

如果被黑洞吸进去会变得怎样?

黑洞的里面究竟
是什么?

以下三个选项中你认为正确的是哪个?

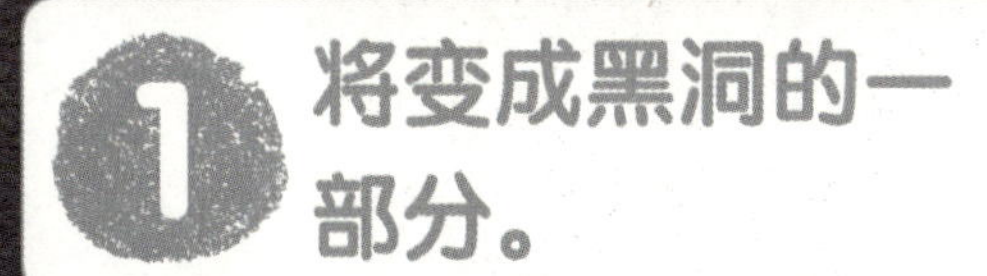

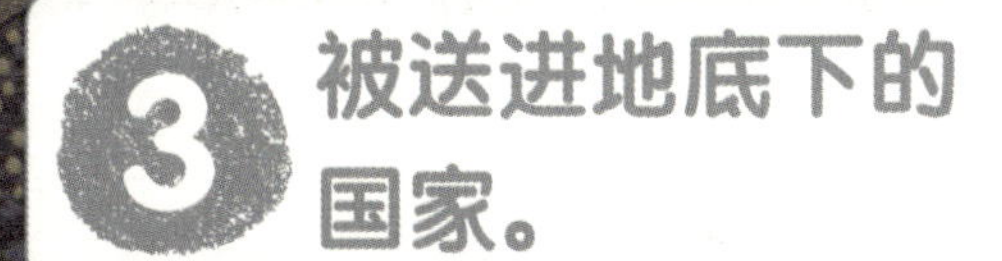

答案见下一页

答案 1

黑洞是一个天体。一旦被吸进去，将会变成黑洞的一部分。

黑洞是暗天体。科学家们推测它就像个很薄的橡胶带，张开后中间形成凹陷形的世界。

中间凹陷的地方叫作“奇点”。那里的引力无限地强大。一切物质一旦被黑洞吸了进去，就会掉进那个“奇点”，就再也出不来了。据科学家推测，即使像地球或太阳这样的天体，一旦被这个中心点吸进的话，它将会变成黑洞的一部分。

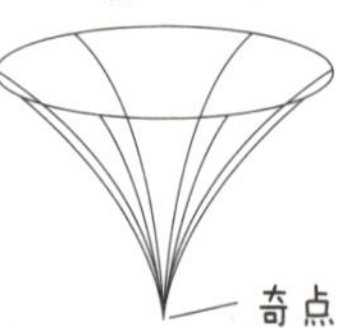

一颗行星的影像

要被黑洞吸进去的天体所释放出来的部分气体，将形成巨大旋转积盘。从积盘上下喷发出来的强大的X射线电波，叫作“等离子体喷流”。

图片：NASA

为什么排行榜 1位

355 人气值

流星一瞬间去了哪里？

流星在夜晚的星空中横穿而过，
到底去了哪里？

以下三个选项中你认为正确的是哪个？

1 它会成为埋在地底下的岩浆。

2 横穿地球到很遥远的地方去。

3 将不再燃烧。

答案见下一页

答案 3

大部分流星将不再燃烧。

飘浮在宇宙中的尘埃飞进地球的大气层中所产生的光叫作流星。尘埃和大气相撞摩擦产生高温，并且开始燃烧，就如同划火柴时火焰燃起。

而且尘埃进入大气层中不久就不再燃烧。所以流星在天空划过后，是不会掉落在地面上的。但是，如果有大的岩石飞进大气层中，由于在大气层中无法燃尽，有时会成为陨石掉落到地面上。

在夜空中拖着长长的尾巴发亮的彗星，是不能以与流星同样的速度穿行的。彗星是岩石和冰的结晶。在靠近地球时冰就会融化，释放出大量尘埃，所以会看到它拖着长长的尾巴。

到达！
太高兴了—
对宇宙完全了解了！
……
嗯……对不起！我真的是来谋划征服地球的。
怎么了？好像没精神呢？
又来了！哈哈
实在是太有趣了！
是真的！在一起遨游了宇宙之后，我重新思考了一下。
从现在开始，我们要维护宇宙和平。

正在读这本书的你，觉得怎么样？数一数你回答对了几个问题，请在191页中的成绩表中查看测试结果。
对了，你头上戴的那个恒星装饰，是今年流行的吗？
好可爱啊！！

才不是呢！这个是我的眼睛！！
啊？什么？！

宇宙太空智力问答

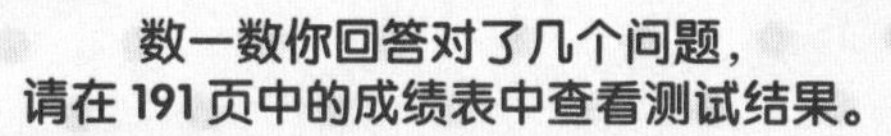

成绩计算表

数一数你回答对了几个问题，
请在 191 页中的成绩表中查看测试结果。

页码	人气	问　　题	检测结果
5	84	为什么月球上会有黑色的斑块?	
7	83	“引力”是什么?	
9	82	为什么飞机不能飞向太空呢?	
11	81	为什么要发射火箭呢?	
13	80	怎么才能成为航天员呢?	
15	79	星座与星座之间离得很近吗?	
17	78	“星云”真的就是像云一样的恒星吗?	
19	77	日环食和日全食有什么不同?	
21	76	为什么有蓝色恒星和红色恒星呢?	
23	75	太阳系外的恒星，从地球上看哪颗最亮?	
25	74	总共有多少个星座?	
27	73	冥王星为什么不再是行星了呢?	
29	72	“隼鸟”号探测器的用途是什么?	

页码	人气	问　题	检测结果
31	71	超新星爆发是真的吗?	
33	70	太阳系中哪颗行星离太阳最远?	
35	69	为什么人造卫星绕地球转却不会掉下来呢?	
37	68	怎样测量遥远天体与地球的距离?	
39	67	为什么“银河”看上去像条河?	
41	66	距地面多高才是太空呢?	
43	65	为什么北极星总在正北方?	
45	64	北斗七星为什么不叫作“北斗七星座”?	
47	63	有人去过火星吗?	
49	62	去过太空的中国航天员有几名?	
51	61	星座的形状永远不变吗?	
57	60	人造卫星之间不会相撞吗?	
59	59	太阳表面为什么会出现“黑点”?	
61	58	航天服里都有什么设备?	
63	57	除太阳外还有能自身发光的天体吗?	
65	56	据说有不带“镜”的望远镜，是真的吗?	

页码	人气	问　　题	检测结果
67	55	计划在宇宙中用太阳光发电是真的吗?	
69	54	国际空间站位于太空中的什么位置?	
71	53	在宇宙飞船里如何睡觉?	
73	52	据说有寄给外星人的信,是真的吗?	
75	51	太阳系中只有土星带光环吗?	
77	50	金星真的是金色的吗?	
79	49	为什么火星看上去是红色的?	
81	48	夜空中,暗的部分是什么都没有吗?	
83	47	为什么月球上没有空气?	
85	46	11月出生的人是天蝎座,但为什么这个星座只能在夏天看到?	
87	45	太阳有寿命吗?	
89	44	如果出现故障,人造卫星将会怎样?	
91	43	即使离暗星很近,它也一样是暗吗?	
93	42	流星为什么会在夜空中划过?	
95	41	木星为什么会有条纹?	
101	40	普通人也能去太空吗?	

页码	人气	问　　题	检测结果
103	39	人在绕地球飞行的宇宙飞船里，为什么是飘浮着的？	
105	38	除地球外在宇宙中还有适合人类居住的天体吗？	
107	37	据说水星离太阳最近，但是也有寒冷的时候，是真的吗？	
109	36	据说宇宙在不断膨胀，我们是怎么知道的呢？	
111	35	据说留在月球上的脚印不会消失，是真的吗？	
113	34	外星人的模样真的像“小灰人”一样吗？	
115	33	离开银河系一直向前飞行会怎样？	
117	32	木星的卫星是什么时候被谁发现的？	
119	31	太阳中心是什么样的？	
121	30	土星上的光环为什么不会脱落呢？	
123	29	为什么有时候看到的月球是红色的？	
125	28	人类能在月球上居住吗？	
127	27	如果在宇宙中生活，人的身体机能会发生改变吗？	
129	26	人们是怎么知道地球绕太阳转的？	
131	25	为什么把在天空中飞的圆盘叫作UFO？	
133	24	据说火星上以前有火星人，是真的吗？	

页码	人气	问　题	检测结果
135	23	我们看不到宇宙的边际，那么，宇宙到底有多大呢?	
137	22	为什么会出现黑洞?	
139	21	宇宙中有太阳，那为什么还一片漆黑呢?	
145	20	宇宙中会落下宝石，是真的吗?	
147	19	据说有能在宇宙中飞行的望远镜，是真的吗?	
149	18	“地出”是什么?	
151	17	如果在宇宙飞船上点燃蜡烛的话，会出现什么样的火焰?	
153	16	天王星的黑夜要长达好几年，那是为什么呢?	
155	15	如果把土星放入水里，它会漂浮在水面上，是真的吗?	
157	14	据说太阳根本“没有在燃烧”，是真的吗?	
159	13	宇宙是怎么产生的?	
161	12	真的会有地球被太阳吞噬的那一天吗?	
163	11	人类现在最远到过宇宙的哪里?	
165	10	地球、月球、金星为什么都是球形的呢?	
167	9	月球是什么时候出现的?	
169	8	月球是由什么组成的?	

页码	人气	问　　题	检测结果
171	7	据说正在筹备“太空电梯”计划，是真的吗？	
173	6	为什么黑洞什么物质都能吸进去？	
175	5	太阳是怎样形成的？	
177	4	时光机真的可以制造出来吗？	
179	3	月球在慢慢向地球靠近，是真的吗？	
181	2	如果被黑洞吸进去会变得怎样？	
183	1	流星一瞬间去了哪里？	

图书在版编目（CIP）数据

超级问问问. 宇宙太空 /（日）学研教育出版编著；任凤凤译. —北京：化学工业出版社，2017.5（2023.1重印）
ISBN 978-7-122-29174-5

Ⅰ.①超… Ⅱ.①学… ②任… Ⅲ.①宇宙-青少年读物 Ⅳ.①P159-49

中国版本图书馆CIP数据核字（2017）第038535号

责任编辑：丰 华 宋 娟　　装帧设计：北京八度出版服务机构
责任校对：吴 静　　封面设计：周周设计局

出版发行：化学工业出版社（北京市东城区青年湖南街13号 邮政编码100011）
印　　装：北京新华印刷有限公司
787mm×1092mm 1/32 印张6 字数450千字 2023年1月北京第1版第3次印刷

购书咨询：010-64518888　　售后服务：010-64518899
网　　址：http: // www.cip.com.cn
凡购买本书，如有缺损质量问题，本社销售中心负责调换。

定　　价：29.80元